W0263381

Teubner
Studienskripten (TSS)

Mit der preiswerten Reihe **Teubner Studienskripten** werden dem Studenten ausgereifte Vorlesungsskripten zur Unterstützung des Studiums zur Verfügung gestellt. Die sorgfältigen Darstellungen, in Vorlesungen erprobt und bewährt, dienen der Einführung in das jeweilige Fachgebiet. Sie fassen das für das Fachstudium notwendige Präsenzwissen zusammen und ermöglichen es dem Studenten, die in den Vorlesungen erworbenen Kenntnisse zu festigen, zu vertiefen und weiterführende Literatur heranzuziehen. Für das fortschreitende Studium können **Teubner Studienskripten** als Repetitorien eingesetzt werden. Die auch zum Selbststudium geeigneten Veröffentlichungen dieser Reihe sollen darüber hinaus den in der Praxis Stehenden über neue Strömungen der einzelnen Fachrichtungen orientieren.

Betriebswirtschaftslehre für Ingenieure

Eine Einführung

Von Dipl.-Kfm. Günter Hüller

Professor an der Fachhochschule
Wilhelmshaven

B. G. Teubner Stuttgart 1992

Prof. Dipl.-Kfm. Günter Hüller

1936 geboren in Heinrichsgrün/Erzgebirge.
1958 Ausbildung zum Marineoffizier mit anschließender Seefahrt als
Navigator. Studium der BWL an der Universität Erlangen-Nürnberg.
1965 Diplom-Kaufmann.
1966 - 1972 Managementtätigkeit in Tourismus und Fischerei.
1972 Dozent an der Fachhochschule Wilhelmshaven mit nachfolgender
Berufung zum Professor.

Die Deutsche Bibliothek - CIP-Einheitsaufnahme

Hüller, Günter:
Betriebswirtschaftslehre für Ingenieure: eine Einführung / von
Günter Hüller. - Stuttgart : Teubner, 1992
  (Teubner-Studienskripten : Wirtschaft)
  ISBN 978-3-519-00145-4   ISBN 978-3-322-96636-0 (eBook)
  DOI 10.1007/978-3-322-96636-0

Gesamtherstellung: Druckhaus Beltz, Hemsbach/Bergstraße
Einband: P.P.K,S-Konzepte T. Koch, Ostfildern/Stuttgart

Vorwort

Dieses Skript ist für diejenigen geschrieben, die das Studium der BWL beginnen wollen. Es soll helfen, den Weg zu ebnen, in das interessante Gebiet der Wirtschaft gedanklich einzusteigen.
Auch Praktiker sind eingeladen, das wirtschaftliche Geschehen, das sie im Tagesgeschäft erleben, einmal aus der Sicht der Abstraktion kennenzulernen, sozusagen aus der Vogelperspektive.

Das Büchlein unterscheidet sich in Stil und Inhalt von anderen auf dem Markt befindlichen. Es versucht, die oft als trocken bezeichneten Inhalte der BWL etwas unterhaltsamer darzustellen, ohne hoffentlich fachliche Aussagen zu verfälschen. So soll dem Anfänger die Scheu vor dem Einstieg in dieses wichtige Wissensgebiet genommen und dem Aufbau von Unlustbarrieren entgegengewirkt werden.

Das Skript ist Vorlage für meine Anfängervorlesungen in BWL. Ziel ist, Grundlagen für wirtschaftliches Denken auf der Ebene der Betriebswirtschaft zu entwickeln. Daher steht zu Beginn eine Einführung in wirtschaftliches Denken, die auch volkswirtschaftliche Sachverhalte mit einbezieht. Es wird im weiteren darauf eingegangen, warum eine Marktwirtschaft die einzige Basis für erfolgreiches Wirtschaften sein kann. Die Unternehmung, als eigentliche Betriebswirtschaft der Marktwirtschaft, steht daher im Mittelpunkt der Betrachtungen. Das erwerbswirtschaftliche Prinzip, das in der Vergangenheit wechselnder Kritik ausgesetzt war, wird als konsequentes Prinzip wirtschaftlichen Handelns dargestellt. Unternehmensgewinne müssen nicht als das Ergebnis monopolkapitalistischen Verhaltens, sondern als Anstrengung der Mangelbeseitigung gesehen werden. Insofern wäre »Mangelbeseitigungsprämie« das richtige Synonym für »Profit«. Die Absatz- und Produktionsfunktion der Unternehmung, von *Schäfer* als die Leistungsseite der Unternehmung bezeichnet, wird elementar abgehandelt. Die Finanzierung ist einem weiteren Band vorbehalten.

Dank schulde ich meinen Studenten, die mich in vielen Semstern durch ihre Fragen veranlaßt haben, manchen Sachverhalt noch genauer zu formulieren. Danken möchte ich auch Frau Clare Lewis, Frau Antje Wessels und Herrn Dr. Dietmar Trescher, die durch Lesen des Manuskripts und anregende Anmerkungen wertvolle Hilfe geleistet haben.

Assistenz in der technischen Gestaltung leisteten Frau Dipl.-Wirtsch.-Ing. Carmen Stanze, Herr Dipl.-Ing. Paul Beckmann und Herr Dipl.-Wirtsch.-Ing. Uwe Schletter.

Frau Monika Eggerling half bei der Erstellung des Sachverzeichnisses.

Allen ein herzliches Dankeschön!

Herr Diplom-Wirtschaftsingenieur Jürgen Scheps hat die redaktionelle Feinarbeit geleistet. Dafür bin ich ihm außerordentlich dankbar. Erst durch seine Mitarbeit war es möglich, dieses Skript druckreif zu erstellen.

Wilhelmshaven, im Sommer 1992   Günter Hüller

Inhaltsverzeichnis

VII

Einführung in wirtschaftliches Denken

Geschichtlicher Exkurs

Die Lehre von der Wirtschaft ist so alt wie die Kulturgeschichte der Menschheit. Aber wann beginnt diese?

Kultur heißt "das Bebaute" im Sinne von bebautem Land. Daher beginnt die Lehre von der Wirtschaft dort, wo der Mensch anfing, die Erde zu bebauen - in der Landwirtschaft.

Als der Mensch vor acht- bis neuntausend Jahren anfing, seßhaft zu werden, weil die stete Bevölkerungsvermehrung ihn zwang, den Boden intensiv zu nutzen, statt wie bisher extensiv, entstand die Problematik des Erkennens wirtschaftlicher Zusammenhänge, und damit wurden die Ursprünge für eine Lehre von der Wirtschaft gelegt.

Der Mensch mußte anfangen zu begreifen, daß ein Teil des geernteten Getreides als Saatgut "gespart" werden mußte, um im nächsten Jahr wieder ernten zu können. Mit dieser Methode mußte er gleichzeitig beginnen, nicht mehr in Zeiträumen von Tagen oder Stunden zu denken - wie es bei der Jagd und dem Sammeln notwendig gewesen war - sondern in Zeiträumen von Ernteperioden. Die Zeit wurde zum ersten Engpaßfaktor für den Menschen, denn er konnte nicht jeden Tag ernten, indem er sich von Feld zu Feld bewegte, sondern er mußte auf einem Feld bleiben und den Rhythmus einer Ernte abwarten. Hier entwickelte sich die Urform wirtschaftlichen Handelns.

Es ist ein großer Sprung in der Entwicklung wirtschaftlicher Methoden von den Urformen der Landwirtschaft bis zur industriellen Welt unserer Konsumgesellschaft.

In der modernen Industriegesellschaft geht es um das Problem, aus vielfältigen auf dem Weltmarkt erhältlichen Vorprodukten Endprodukte zu schaffen, die den Menschen einen echten Nutzen stiften und dabei die Umwelt schonend zu behandeln, sowie endliche Ressourcen nicht zu verschwenden. Dieses "Theater" ist deshalb so schwierig, weil viele Gruppen primär ihre individuellen Interessen im Auge haben und nicht das Wohl der gesamten Volkswirtschaft, Weltwirtschaft oder des gesamten Universums.

Der einzelne Mensch hat die Übersicht über wirtschaftliches Handeln verloren. Arbeitsteilung und moderne Geldwirtschaft sowie Sozialisierung von Ausbildung, Krankheits- und Altersfürsorge machen die wirtschaftlichen Beziehungen sehr indirekt, und der Durchschnittsbürger verliert zunehmend die Übersicht über Nutzenempfang und Leistungserbringung.

Robinson, der Schiffbrüchige im Südpazifik, hatte dagegen ganz klare Vorstellungen, in welcher Relation seine persönlichen Leistungen zu irgendwelchen späteren Nutzenstiftungen standen. Baute er seine Hütte den Umständen entsprechend gut, so war er vor Regen und Unwetter geschützt, er blieb trocken und konnte seine Gesundheit erhalten.
Bastelte er sich Netze und ein Boot, so hatte er die Möglichkeit, Fische zu essen. Kultivierte er den Boden, so waren die Ernten reichhaltiger und nicht mehr von Zufällen abhängig.
Diese echten Zusammenhänge zwischen Leistung und Nutzen waren bis in die Bauern- und Handwerkswirtschaft vor 150 Jahren noch klarer erkennbar. Erst mit der Industrialisierung im vorigen Jahrhundert, mit der Abwanderung der überzähligen Landbevölkerung in die Städte und der Sozialisierung von Kollektivbedürfnissen wurde der Blick für die wirtschaftlichen Relationen immer verschwommener.

In jener Zeit entstanden durch *Adam Smith, David Ricardo* und *Karl Marx* die ersten wissenschaftlichen Werke, welche die modernen Wirtschaftswissenschaften begründeten.

Stellen Sie sich vor...

Stellen Sie sich vor, Ihr Freund oder Ihre Freundin fragt Sie, nachdem Sie sich nun enger mit der "Lehre der Wirtschaft" befassen wollen, was denn "Wirtschaften" eigentlich ist und wann gewirtschaftet werden muß.

Sie könnten dann zum Beispiel antworten: "Wirtschaften ist der Kampf gegen den Mangel, also wenn ich mehr will, als ich habe, dann muß ich wirtschaften".

Jeder Mensch hat beispielsweise einen Bedarf an Brot bzw. an Kohlehydraten. Hat er nun nicht genug Brot zu essen, bedeutet dies für ihn, daß er Hunger leidet. Stehen ihm keine Substitute zur Verfügung, muß er sich Brot oder ein gleichwertiges Nahrungsmittel beschaffen. Nur so wird sein Hunger gestillt! Die Beschaffung von Produkten setzt in unserer Volkswirtschaft jedoch Geld voraus, in einer Primitivwirtschaft "Leistung".

> Wirtschaften bedeutet, die zur Verfügung stehenden Mittel so einzusetzen, daß man sich möglichst viele Wünsche erfüllen kann. Es muß also immer dort gewirtschaftet werden, wo die Bedürfnisse größer sind als die vorhandenen Mittel.

Wirtschaftssubjekte - Wirtschaftsobjekte

Wirtschaftssubjekte sind alle Personen und Institutionen, die selbständig wirtschaften:

1.   Die Haushalte, die zu ihrer täglichen Bedarfsdeckung wirtschaften.

2.   Die Unternehmen, welche auf Grund ihrer Bestimmung wirtschaften müssen.

3.   Der Staat, der wirtschaften muß, um hoheitliche Aufgaben durchführen zu können.

Mittel, mit denen gewirtschaftet wird, bezeichnet man als *Wirtschaftsobjekte*. Dies sind in erster Linie Produktionsfaktoren oder RESSOURCEN, wobei man unterscheidet:

1.   Die Produktionsfaktoren im herkömmlichen Sinn:

Als erster originärer Produktionsfaktor ist der Boden zu nennnen. Er läßt sich weiter untergliedern in:

a)   den Boden als Standort
b)   den Boden als landwirtschaftliche Nutzfläche,
c)   den Boden als Ort zur Gewinnung von Bodenschätzen.

Ein weiterer originärer Produktionsfaktor ist die Arbeit, welche man aufspaltet in:

a)   die Muskelarbeit (Labour),
b)   die Denkarbeit (Know-how).

Als ein derivativer (= abgeleiteter) Produktionsfaktor ist das Kapital anzuführen, das man aufgliedern kann in:

a)   Werkzeug, z.B. Hammer, Drehbank,
b)   Infrastruktur, z.B. Straßen, Brücken, Gebäude,
c)   Programme (vorgefertigte, abstrakte Arbeit),
        z.B. Stunden-, Fahrpläne, Software.

2.   Die Produktionsfaktoren im modernen Sinn:

Hierunter fallen Begriffe wie Unternehmenskultur, Corporate Identity, Informationen und Know-how, also das gesamte "human and social capital".

3.   Die sogenannten "freien Güter" in der Vergangenheit:

Als freie Güter wurden Luft, Wasser und die Energievorkommen (nicht-fossil und nicht-nuklear) wie Sonne, Wind und Gezeitenströme bezeichnet. Sie wurden/werden deshalb als "freie Güter" bezeichnet, weil jedermann in der Natur freien Zugriff zu ihnen hatte/hat.

In der Geschichte zeigt sich ein großer Wandel in der Wertigkeit der einzelnen Produktionsfaktoren.

Früher war der Produktionsfaktor Arbeit wesentlich wichtiger und ausgeprägter als der Produktionsfaktor Kapital. Dem Landwirt standen beispielsweise in erster Linie Arbeitskräfte zur Verfügung; Kapital (wie Sense, Pflug, Egge usw.) spielte damals die untergeordnete Rolle. Später - nach der industriellen Entwicklung - rückte der Faktor Kapital in den Vordergrund. Nun konnten Arbeitskräfte eingespart werden, da ihre Tätigkeit größtenteils von Maschinen übernommen wurde.

Früher:	**Arbeit**	kapital
Heute:	arbeit	**Kapital**

Dies drückt sich auch im Wort "Kapital" aus, das - aus dem Englischen übersetzt - "Hauptsache" bedeutet. Es soll ausdrücken, daß das Werkzeug zur Hauptsache wurde und - unausgesprochen - der Mensch zur Nebensache. Denn durch die Erfindungen des ausgehenden 18. Jahrhunderts und die erfolgreiche Anwendung dieser Erfindungen im 19. Jahrhundert wurde der Wirtschaftsprozeß auf eine vollkommen neue Basis gestellt. *Karl Marx* hat dies in seinem Buch "Das Kapital" ausführlich beschrieben.

<u>Leistungskontrolle:</u>

1. Was ist Wirtschaften?
2. Wer wirtschaftet?
3. Womit wird gewirtschaftet?
4. Erläutern Sie den Begriff Produktionsfaktor und nennen Sie die wichtigsten!

Der volkswirtschaftliche Kreislauf

In unten gezeigter Abbildung sehen Sie den klassischen volkswirtschaftlichen Kreislauf. Die Haushalte stellen den Unternehmen, die Güter produzieren, ihre Arbeitskräfte zur Verfügung und erhalten von diesen als Gegenleistung Löhne. Dadurch werden die Haushalte in die Lage versetzt, die von den Unternehmen produzierten Güter zu kaufen.

Es besteht folgender Zusammenhang, der hier sehr vereinfacht dargestellt wird:

Kaufen die Haushalte viele Güter, brauchen die Unternehmen wiederum mehr Arbeiter, die diese Güter produzieren.

Stellen die Unternehmen viele Güter her, so haben sie viele Arbeitskräfte, die alle Löhne erhalten, um diese Güter zu kaufen.

Sparen jedoch andererseits viele Haushalte einen großen Teil ihres Verdienstes und kaufen somit weniger Güter, haben die Unternehmen weniger Umsatz. Sie müssen nicht mehr soviel produzieren, brauchen weniger Arbeiter und haben folglich auch weniger Löhne zu bezahlen. Man sieht, daß Haushalte und Unternehmen direkt voneinander abhängig sind und so der Kreislauf geschlossen wird.

Als nicht unmittelbar an diesem Kreislauf beteiligte Institution ist der Staat zu erwähnen, der sich die Aufgabe stellt, eine Umverteilung der von den Haushalten und Unternehmen abgeführten Mittel (Steuern) vorzunehmen (z.B. in Form von Sozialhilfen für die Haushalte und Subventionen für die Unternehmen), bzw. die Aufgabe hat, mit den Steuereinnahmen seine hoheitlichen Aufgaben zu erfüllen.

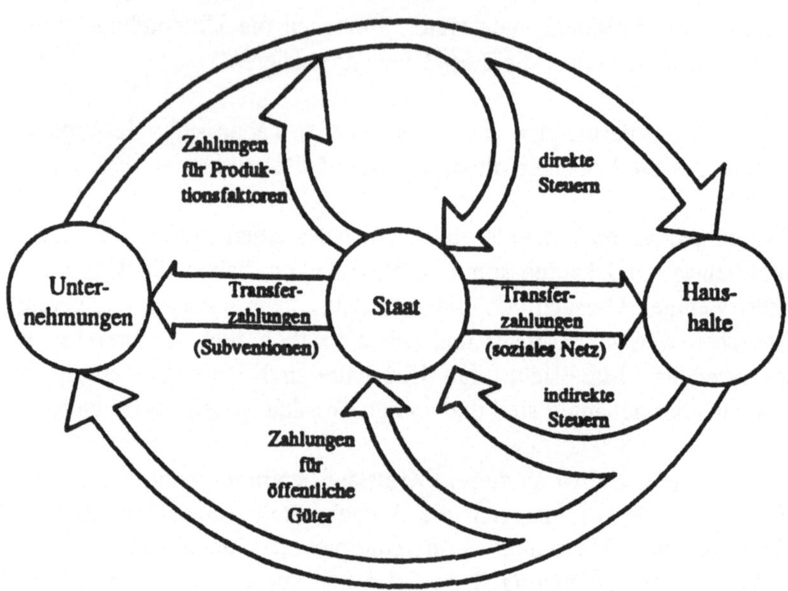

<u>Leistungskontrolle:</u>

1. Beschreiben Sie den volkswirtschaftlichen Kreislauf!
2. Welche Funktion kommt dem Staat in diesem Kreislauf zu?

Das ökonomische Prinzip

Allen Formen wirtschaftlicher Betätigung liegt das ökonomische Prinzip zugrunde, das die wirtschaftlichen Zusammenhänge in sehr abstrakter Form darlegt. Das ökonomische Prinzip ist die Grundlage allen wirtschaftlichen Denkens.

Wo auch immer der Mensch arbeitet und die Welt verändern will, sollte er das wirtschaftlich tun. Nur dann gelingt es ihm, die ihm zur Verfügung stehenden Kräfte optimal einzusetzen.

Seine persönliche Energie sicherte ihm in der Frühgeschichte das Überleben. Mit Händen und Füßen schaffte er diejenigen Ressourcen heran, die er für das Überleben benötigte. Später zähmte er Tiere und baute Werkzeuge.

Die weiten Steppen und Wälder waren für unsere Vorfahren ein natürliches Ressourcenreservoir von unendlich scheinendem Ausmaß. Aber auch in jener Zeit wurde bereits überall dort gewirtschaftet, wo der persönliche Kräfteeinsatz gefordert war: beim Fischfang, Jagen und Sammeln. Da die persönlichen Kräfte von Anfang an begrenzt waren, mußte ihr Einsatz genau überlegt werden. Der sinnvolle Einsatz von Ressourcen ist nach unserer Definition »wirtschaften«.
Nach Erforschung der naturwissenschaftlichen Zusammenhänge war es dem Menschen möglich, aus Mineralien (Kohle, Erdöl, Uran) Energie zu erzeugen und mit deren Hilfe wiederum neue Werkstoffe aus Mineralien, z.B. Stahl und Aluminium, zu gewinnen.
Heute fahren Autos und fliegen Flugzeuge wie selbstverständlich in dieser Welt, obwohl sie vom Menschen künstlich geschaffen sind. Dieses alles wäre nicht geschehen - hätte nicht geschehen können - wenn der Mensch nicht wirtschaftlich vorgegangen wäre.

Es ging immer um das Problem, aus vorhandenen Mitteln (Ressourcen) den besten Nutzen für den Menschen zu stiften: aus Land, Saatgut, Ochsen, Werkzeug und Menschenkraft die bestmögliche Ernte zu erzielen, um das Weiterleben der Menschen zu sichern. Aus Holz, Werkstätten (Werften), Werkzeugen (Helling, Kräne, Leitern), menschlicher Arbeitskraft und Geschicklichkeit Schiffe zu bauen, die dem Expansionsdrang der Menschen Genüge leisteten.

Das Prinzip, nach dem die existenznotwendigen Tätigkeiten der Menschen ablaufen, ist immer das gleiche. Es wird versucht, aus den Ressourcen ein Maximum an Nutzen zu erwirtschaften oder ein bestimmtes Quantum von Nutzen mit einem Minimum an Aufwand zu erreichen.

Man unterscheidet daher zwei Formen des ökonomischen Prinzips:

MINIMALPRINZIP
Die vorgegebene Leistung soll mit einem minimalen Mitteleinsatz erreicht werden.

MAXIMALPRINZIP
Mit dem vorgegebenen Mitteleinsatz soll eine maximale Leistung erbracht werden.

Ein Landwirt, der nach dem Maximalprinzip "schafft", wird darauf hinarbeiten, von seinen Feldern einen maximalen Ernteertrag zu erwirtschaften. So wirkt das Maximalprinzip.

Ein anderer Landwirt, dem nur eine bestimmte Menge seiner Waren abgenommen wird, arbeitet nach dem Minimalprinzip. Das heißt, der Produktionsfaktor Boden wird nur so weit genutzt, wie ein Absatz für die Ernte vorhanden ist.

Dies waren Beispiele, die so klar in der Realität selten vorkommen.

Während heute in der industriellen Fertigung meist nach dem Minimalprinzip gearbeitet wird, wurde früher in der Landwirtschaft nach dem Maximalprinzip gehandelt.

Die Wirtschaftlichkeit

Die Anwendung des ökonomischen Prinzips von Minimierung des Aufwands bei gewünschtem Ertragsziel (Minimalprinzip) oder von Maximierung des Ertrages bei gegebenen Ressourcen oder Aufwand

(Maximalprinzip), nennt man Wirtschaftlichkeit. Der allgemein akzeptierte Wertmaßstab oder Bewertungsaspekt ist Geld.

Man versucht also, den Einsatz an Mitteln (Input) in Relation zu den Produkten (Output) zu optimieren, d.h. Aufwand und Ertrag für ein bestimmtes Ziel müssen in einem bestmöglichen Verhältnis (Quotient) zueinander stehen.

Dieses Verhältnis kann je nach betriebsspezifischem Einsatzbereich dargestellt werden:

- allgemein: $\dfrac{\text{Ertrag}}{\text{Aufwand}}$

- mengenmäßig: $\dfrac{\text{Output}}{\text{Input}}$

- wertmäßig: $\dfrac{\text{Nutzen}}{\text{Leistung}}$

- monetär: $\dfrac{\text{Umsätze}}{\text{Kosten}}$

Innerhalb der BWL ist es vor allem bei analytischen Betrachtungen notwendig, Wirtschaftlichkeit exakt zu messen.

Im Leistungsbereich ist eine Messung über Mengeneinheiten (Tonnen, Stückzahlen, Kilometer u.ä.) immer dann sinnvoll, wenn Betriebe der gleichen Branche untersucht und verglichen werden sollen. Diesen Ansatz untersucht die Produktivität.

Im Finanzbereich wird mit monetären Vergleichskriterien gearbeitet. Die entsprechende Meßgröße ist die Rentabilität.

Die Produktivität

Die Produktivität wird auch als "technische Wirtschaftlichkeit" bezeichnet.
Der mengenmäßige Ertrag und der mengenmäßige Einsatz von Produktionsfaktoren - gemessen in Arbeitsstunden, Werkstoffeinheiten u. a. - werden vergleichend betrachtet.

$$\text{Produktivität} = \frac{\text{Output}}{\text{Input}} = \frac{\text{Ausbringung}}{\text{Einsatz}} = \frac{\text{Nutzen}}{\text{Leistung}}$$

Wenn beispielsweise 350.000 Kraftfahrzeuge in einem Jahr im Werk produziert werden, kann ein Produktivitätsvergleich zu anderen Jahren und/oder Werken durchgeführt werden. Dies geschieht in der Weise, daß die Ausbringungsmenge in Relation zum jeweilig zu vergleichenden Produktionsfaktor gesetzt wird. Wenn man also die Produktivität von Arbeit vergleichen will, so muß man die produzierte Menge zu dem Aufwand an Stunden ins Verhältnis setzen:

$$\text{Arbeitsproduktivität} = \frac{350.000 \text{ produzierte Autos}}{\text{eingesetzte Arbeitsstunden}}$$

Das gleiche gilt für die Produktivität von Werkstoffen (z.B. Stahl) oder sonstigen benötigten Materialien:

$$\text{Produktivität von Stahl} = \frac{350.000 \text{ produzierte Autos}}{\text{eingesetzte Tonnen Stahl}}$$

Auch der Einsatz von Kapital kann über diese Betrachtungsweise in seiner Produktivität vergleichbar gemacht werden:

$$\text{Kapitalproduktivität} = \frac{350.000 \text{ produzierte Autos}}{\text{eingesetztes Kapital}}$$

Ebenso ist die Messung der Energieproduktivität über diese Formel möglich:

$$\text{Energieproduktivität} = \frac{350.000 \text{ produzierte Autos}}{\text{eingesetzte Energie}}$$

> Es wird deutlich, daß eine Produktivitätssteigerung entweder über eine Erhöhung der Ausbringungsmenge, oder über eine Senkung der eingesetzten Produktionsfaktoren erreicht wird.

Die Rentabilität

Unter Rentabilität (Rendite) versteht man das Verhältnis von erzieltem Gewinn zu eingesetztem Kapital. Vereinfacht kann man den Gewinn als die Differenz zwischen Ertrag und Aufwand definieren.

Die Rentabilität einer Unternehmung ist abhängig von:

* Produktionsleistung, Produktivität
* Marktleistung[1], Product-Mix
* Kapitalzusammensetzung, Finanzausstattung
* Steuern und Abgaben

---

[1] Die Rentabilität bewertet nicht nur die Produktivität, sondern auch die Marktleistung (Bademoden können im Mai besser verkauft werden als im November!).

$$\text{Rentabilität} = \frac{\text{Ertrag ./. Aufwand}}{\text{eingesetztes Kapital}}$$

Das folgende Beispiel möge verdeutlichen, wie unterschiedliche Daten die Rentabilität einer Betriebswirtschaft beeinflussen.

Der Ausgangspunkt unserer Betrachtungen ist ein Bauernhof.
Der Bauernhof ist mit einem Vermögen von 3,5 Mio DM ausgestattet. Im Falle A produziert er Getreide, im Falle B betreibt er Viehwirtschaft.

A Bauernhof (Getreide)		B Bauernhof (Viehwirtschaft)
3.500.000,-	einges. Kapital	3.500.000,-
2.800.000,-	Aufwand	3.200.000,-
3.000.000,-	Ertrag	4.500.000,-
200.000,-	Ergebnis	1.300.000,-
5,7%	Rendite	37%

Die unterschiedliche Rentabilität (Rendite) ergibt sich daraus, daß im Falle B das Kapital (Vermögen) besser genutzt wird.

<u>Leistungskontrolle:</u>

1. Beschreiben Sie das ökonomische Prinzip in seinen beiden Formen anhand eines alltäglichen Beispiels!
2. Erklären Sie Wirtschaftlichkeit, Produktivität und Rentabilität anhand von Beispielen und arbeiten Sie die Unterschiede heraus!

Die BWL als Wissenschaft und ihre Abhängigkeit von den politischen Daten

Idealwissenschaften und Realwissenschaften sind die beiden Säulen, die unser Wissenschaftssystem begründen. Die Idealwissenschaften, wie Logik und Mathematik, beschäftigen sich mit dem reinen, dem abstrakten Denken. Die Realwissenschaften untersuchen reale Gegebenheiten nach logischen Gesetzmäßigkeiten. Die Idealwissenschaften sind auf diese Weise die Basis für die Realwissenschaften. Die Realwissenschaften gliedern sich in Geistes- und Naturwissenschaften.

Innerhalb der Geisteswissenschaften, die auch als Kulturwissenschaften bezeichnet werden, sind die Wirtschaftswissenschaften eingeordnet. Diese unterscheiden sich wiederum bezüglich ihres Forschungsgegenstandes oder Erfahrungsobjektes.

Ist das Erfahrungsobjekt das wirtschaftliche Geschehen innerhalb eines Volkes oder einer Nation, so spricht man von Volkswirtschaftslehre oder Nationalökonomie. Ist das Erfahrungsobjekt das wirtschaftliche Geschehen eines Betriebes, sind wir bei der Betriebswirtschaftslehre (BWL).

Die BWL ist eine Erfahrungswissenschaft, das heißt, man beobachtet die Realität des Wirtschaftslebens im Betrieb und versucht aufgrund dieser Beobachtungen Sachverhalte festzustellen, die von allgemeiner Bedeutung sind. Reale Beobachtungen werden abstrahiert.

Sind Beobachtungen über längere Zeiträume und in größerem Maße gemacht worden, so gelangt man zu gesicherten Erkenntnissen für die Vergangenheit. Ob diese auch für die Zukunft gelten können, ist zweifelhaft. Diese Vorgehensweise nennt man induktive Methode.

Bei der deduktiven Methode werden Vorbedingungen angenommen, wissenschaftlich spricht man vom Setzen von Prämissen, und es wird rein logisch weitergedacht. Nach den Gesetzen der Logik kommt man zu einem »folge-richtigen« Ergebnis. Dies entspricht aber nur dann der Wirklichkeit, wenn die Prämissen **wirklichkeitsgerecht** gesetzt wurden. Hier liegt die entscheidende Schwäche der deduktiven Methode.

Die Abhängigkeit vom politischen Datenkranz ist ein nicht zu unterschätzendes Kriterium: in sozialistischen Volkswirtschaften entwickeln sich Betriebswirtschaften anders als in Marktwirtschaften, bzw. ihre Struktur ist von Anfang an unterschiedlich.

In einer Industriegesellschaft wird das "Betreiben" eines Betriebes wesentlich bestimmt durch den Entscheidungsspielraum, den der Betreiber oder Betriebswirt hat.

Sind die Entscheidungsspielräume weitgehend frei, so spricht man von einer Staatsordnung der Marktwirtschaft. Geht die Staatsordnung aber von der Philosophie aus, daß Betriebsleiter nur Technokraten sind, die Ressourcen entsprechend den gesellschaftlichen Vorgaben umsetzen, handelt es sich um ein staatswirtschaftliches (planwirtschaftliches) System.

Die Marktwirtschaft

Eine Marktwirtschaft ist ein Wirtschaftssystem, in dem alle betriebswirtschaftlichen Entscheidungen auf Freiwilligkeit basieren. Jeder Produzent und Händler bietet diejenigen Waren an, von denen er meint, daß sie verkauft werden können. Er richtet sein Sortiment also am Geschmack und den Wertvorstellungen der Käufer und Kunden aus. Niemand schreibt einem Produzenten oder Händler vor, was er herzustellen bzw. zu verkaufen hat (Autonomieprinzip).

Er, der Kaufmann selbst, entscheidet ganz allein - in eigener Verantwortung -, welche Waren er anbietet. Je besser sich diese Entscheidungen am Geschmack des Kunden orientieren, um so besser sind seine Absatz- und Umsatzchancen, um so besser seine Gewinnchancen. Denn Gewinne werden nur dort erzielt, wo Bedürfnisse von Menschen optimal erfüllt werden. Nur dann gelingt es dem Kaufmann, für seine Waren Preise zu erzielen, die seine Kosten decken und dazu noch eine Mangelbeseitigungsprämie zu kassieren, die man gewöhnlich "Gewinn" nennt.

Die auf Gewinnmaximierung strebende Arbeitsweise des Unternehmers ist ein wichtiger Aspekt, da er einen Teil der Gewinne zurücklegen muß, um eventuelle Verluste - diese können leicht entstehen, da jede Entscheidung Risiken birgt - auszugleichen. Er muß jederzeit in der Lage sein, seinen Zahlungsverpflichtungen termingerecht nachzukommen. Weiter ist daran zu denken, daß technischer Fortschritt und Expansion ebenfalls Kapitalrücklagen erforderlich machen.

Er selbst ist also verantwortlich für das Bestehen oder Nichtbestehen seines Betriebes, seiner Unternehmung. Finanzierungshilfen (Subventionen) erhält er im Regelfall nicht. Die Unternehmung mit ihren Betrieben ist sein Eigentum.

Kriterien des marktwirtschaftlichen Systems:

- Es ist das einzige Wirtschaftssystem, das eine echte Demokratie im Sinne der freien Entfaltung der individuellen Persönlichkeit ermöglicht, denn es gestattet freie Konsumwahl und freie Wahl des Arbeitsplatzes.

- Die vorhandenen Produktionsfaktoren (Ressourcen) werden optimal eingesetzt im Sinne der Nutzenstiftung für die Nachfrager.

- Die wirtschaftliche Effizienz der Produktionsfaktoren wird maximiert. Über höchste Löhne wird eine hohe Motivation der Arbeitskräfte erreicht und auf diese Weise auch ein sparsamer Umgang mit den Ressourcen gewährleistet.

- Armut und Reichtum liegen krass nebeneinander. Der "Rücksichtslose und Clevere" bereichert sich auf Kosten des "Schüchternen und Ahnungslosen". Das heißt, die Kommunikationsfähigkeit der Wirtschaftssubjekte trägt wesentlich zum wirtschaftlichen Erfolg des einzelnen bei.

- Da die Unternehmen die wirtschaftlichen Ziele selbst bestimmen und diese sich an den echten oder vermeintlichen Bedürfnissen der Bevölkerung ausrichten, wird über die Unternehmen und deren Management konkret Gesellschaftspolitik betrieben. Dies hat zur Folge, daß auch "gesellschaftspolitisch nicht wünschenswerte Trends" eingefädelt und verstärkt werden. Die Beispiele reichen von Verführungen in der Konsumgüterindustrie (Süßwaren, Alkoholika, Tabakwaren) bis zu einseitigen Verkehrssystemen, wie sie in der westlichen Welt durch die Dominanz des Automobil-Verkehrs geschaffen wurden.

- Die Dezentralisierung der gesamten Wirtschaftsplanung macht das System sehr flexibel im Erfassen neuer Technologien (Invention) und damit auch in der wirtschaftlichen Anwendung (Innovation) dieser Technologien, wie im Erfüllen neuer Bedürfnisse.

- Konjunkturschwankungen können zu vorübergehenden wirtschaftlichen Schieflagen und auch zu sozialen Instabilitäten führen. Engagierte Marktwirtschaftler betrachten dies als notwendigen Preis, der das Gesamtsystem vor Fehlentwicklungen schützt.

- Unbeschränkter Wettbewerb ist zur Erhaltung der Marktwirtschaft unabdingbar.

In der reinen Marktwirtschaft spielt der Staat nur die Rolle des "Nachtwächters", d.h. er hat lediglich Obrigkeitsfunktion zur Erhaltung von Sicherheit und Ordnung.

Um der Problematik der reinen Marktwirtschaft entgegenzuwirken, entschied man sich in der Bundesrepublik Deutschland für eine humanere Form der Marktwirtschaft, die »soziale Marktwirtschaft«.
Im System der sozialen Marktwirtschaft versucht der Staat, Leistungseinkommen, die unterhalb eines bestimmten Niveaus liegen, durch Sozialeinkommen zu kompensieren. Dies geschieht über die Steuer- und Sozialgesetzgebung. Außerdem erläßt der Staat Gesetze zur Förderung der Stabilität und des Wachstums der Wirtschaft, um nachteiligen konjunkturellen Schwankungen entgegenzuwirken. Des weiteren sichert er durch Gesetze die Wettbewerbssituation.

Die Staatswirtschaft

Hier bestimmt nicht der Kaufmann die betriebswirtschaftlichen Entscheidungen, sondern der Staat.

Der Staat als anonyme Kommandobehörde legt durch Verordnungen fest, welche Güter wann, wo und in welcher Dimension produziert werden sollen. So werden vom Staat alle ökonomisch wichtigen Entscheidungen durch Aufstellen von Plänen getroffen, deren Erfüllung Gebot für jeden Betrieb ist.

Logischerweise kann bei dieser Art von Wirtschaftsführung auf die Bedürfnisse des einzelnen wenig eingegangen werden. Die Kommandowirtschaft ist nicht einmal in der Lage, das ökonomische Prinzip in der Weise anzuwenden, daß die Lebensfähigkeit des Systems auf lange Sicht gewährleistet ist (siehe historische Entwicklung!).

<u>Leistungskontrolle:</u>

1. Nennen Sie Vor- und Nachteile der Marktwirtschaft!
2. Warum kann sich eine Staatswirtschaft nicht genügend auf die Bedürfnisse der Verbraucher einstellen?
3. Inwiefern verändert die soziale Marktwirtschaft die reine Marktwirtschaft?

Einführung in Betriebswirtschaft, Unternehmung, Betrieb.

> Eine Betriebswirtschaft ist eine Institution zur Kombination von Ressourcen zur Leistungserstellung für Dritte.

Betrieb kommt von "betreiben", das bedeutet, etwas "in Bewegung setzen". Es soll ein Leistungsprozeß in Bewegung gesetzt werden, der nicht für unmittelbar Beteiligte durchgeführt wird, sondern für DRITTE, d. h. für mittelbar beteiligte Personen. Der Anbau von Gemüse im eigenen Garten für den Familienbedarf ist eine landwirtschaftliche, aber keine betriebswirtschaftliche Leistung.

Unternehmung - Betrieb

Eine Unternehmung ist eine Betriebswirtschaft in der Marktwirtschaft, die im Aufstellen ihrer Wirtschaftspläne autonom ist. Sie ist für ihre Existenzsicherung selbst verantwortlich, d.h. sie muß jederzeit in der Lage sein, ihren Zahlungsverpflichtungen nachzukommen und bestrebt sein, das in sie investierte Kapital maximal zu verzinsen. Diese Absicht wird in der BWL auf die Kurzformel

> REMAX" =
> <u>Re</u>ntabiltäts<u>max</u>imierung des eingesetzten Kapitals auf lange Sicht

gebracht.

Der Unternehmer hat einen Kapitalstock zur Verfügung, den er zum Nutzen der Volkswirtschaft einsetzen muß. Dieser Nutzen wird bestimmt über den Grad der Bedürfniserfüllung seiner Kunden.

Ändern sich die Bedürfnisse, so müssen sich auch die Leistungspotentiale ändern, und dies bedingt wiederum neue Investitionen! Die

REMAX ist letzten Endes eine Meßziffer über den Erfolg der Investitionen.

Der finale Zweck der Unternehmung besteht darin, Wohlstand zu schaffen. Indem der Unternehmer Überlegungen darüber anstellt, welche Bedürfnisse in der Gesellschaft noch nicht optimal erfüllt sind, nach Wegen sucht, diese zu erfüllen, sorgt der Unternehmer für eine kontinuierliche Bedürfnisbefriedigung durch Bereitstellung von Gütern und Leistungen.

Selbstverständlich erfolgt diese Anstrengung nicht aus karitativer Sorge, sondern aus ego-orientierten Gründen. Diese machen aber seine Anstrengungen um nichts wertloser. Die Geschichte hat gezeigt, daß nur über unternehmensorientierte Betriebswirtschaften, also marktwirtschaftlich geführte Unternehmen, echte Mangelbeseitigung über richtige Angebote erreicht werden kann.

So ist das Unternehmensprinzip (erwerbswirtschaftliches Prinzip) das ideale Prinzip, das sowohl dem Eigennutz des Unternehmers dient (und dadurch als Motivator wirkt), als auch dem Nutzen der Kundschaft; denn sonst könnte kein Geschäft zustande kommen. "Es ist diese letzte auf Leistung und Gegenleistung aufgebaute Methode, die wir mit dem Ausdruck *Geschäft* (business) umschreiben. Sie ist diejenige Methode, die die auf Arbeitsteilung und Austausch gegründete Form des Kampfes gegen den Mangel charakterisiert."[2]

Das Wort BETRIEB kann verschiedene Bedeutungen haben:

a) Betrieb i. S. v. Betriebswirtschaft.

b) Betrieb i. S. v. Erfüllungsgehilfe der zentralen Staatsmacht.

In einem staatsplanwirtschaftlichen Regime (wie früher DDR) gibt es keine Unternehmen, sondern nur Betriebe. Steuerungselement der Wirtschaftlichkeit dieser Betriebe ist die Plan- bzw. Normenerfüllung. Der VEB gilt als Beispiel für eine Betriebswirtschaft in einer staatlich gelenkten Planwirtschaft.

---

2 W. Röpke: Die Lehre von der Wirtschaft, Erlenbach-Zürich 1958, S. 42.

Der Betrieb bzw. dessen Leistung wird daran gemessen, wie exakt die vorgegebenen Pläne bzw. Normen erfüllt werden.
Die Leiter sind in diesem Fall keine selbständigen Disponenten, sondern reine Erfüllungsgehilfen für Vorgaben.
Das wirtschaftliche Denken wird auf höchste Ebene verlagert, daher bleibt der Eigeninitiative des einzelnen kein oder nur wenig Entscheidungs- und Entfaltungsspielraum.
Durch die Verlagerung der wirtschaftlichen Entscheidungen auf höchste Ebene entstehen durch Informationsverdrehungen und Informationsvertrocknungen Fehlentscheidungen von großem Ausmaß.

c)   Betrieb i. S. v. Betriebsstätte der Unternehmung.

Die Unternehmung ist die Führungszentrale für private Betriebswirtschaften in der Marktwirtschaft. Sie stellt den Rahmen dar, in dem die Aktionen der Betriebe stattfinden können und ist somit das den Betrieben übergeordnete System. Der Betrieb (als Betriebsstätte) dient der Unternehmung als Ort der Leistungserstellung. Eine Unternehmung kann mehrere Betriebe haben, ein Betrieb jedoch nicht mehrere Unternehmen. Ein Betrieb bedarf immer einer Führungsinstitution.

d)   Betrieb i. S. v. öffentlich-rechtlichen Betrieben.

Neben den Unternehmen als Träger einer marktwirtschaftlichen Versorgung gibt es in der Bundesrepublik Deutschland auch Betriebswirtschaften, die Relikte des Obrigkeitsstaates sind; man nennt sie "öffentlich-rechtliche Betriebe". Sie sind nicht frei in der Aufstellung ihrer Wirtschaftspläne und deren Realisierung, sondern stehen unter Staatsaufsicht und haben sich der Staatsräson zu beugen. Sie arbeiten nach dem Kostendeckungsprinzip und daher nicht wirtschaftlich, da sie keine Motivation zur Kostensenkung haben.

> Bundesbahn, Schulen, Krankenhäuser sind signifikante Beispiele für öffentlich-rechtliche Betriebe. Bei Bundespost und -bahn versucht man nun eine Organisationsreform in Richtung Unternehmung.

Die Betriebswirtschaftslehre für öffentlich-rechtliche Betriebe nennt man in der Bundesrepublik "Verwaltungswirtschaft" oder "Verwaltungswissenschaft".

Klassische Einteilung der volkswirtschaftlichen Bereiche

Die verschiedenen Arten der Leistungserstellung für Dritte lassen sich unterscheiden in:

1. Primärbereich: **U r p r o d u k t i o n**
   - Landwirtschaft
   - Forstwirtschaft
   - Fischerei
   - Bergbau

Die Produkte sind Rohstoffe.

2. Sekundärbereich: **V e r a r b e i t u n g**
   - Handwerk
   - Industrieproduktion

Die Produkte sind bearbeitete und verarbeitete Rohstoffe.

3. Tertiärbereich: **D i e n s t l e i s t u n g e n**
   - gesamter Handel
   - Verkehrsbetriebe
   - Versicherungen

Die Produkte sind Arbeits- und Organisationsleistungen.

Im Tertiärsektor verdient der Handel eine besondere Beachtung, da er neben seiner Dienstleistungsfunktion (Transport, Lagerung, Verteilung von Waren) das unternehmerische Element verstärkt einsetzt. Darunter versteht man das richtige Disponieren von Waren unter besonderer Berücksichtigung der reellen Kundenerwartung. Es wird eine Antwort gesucht auf die Fragen:

- Was will der Kunde,
- wann,
- wo,
- wie (in welcher Qualität) und zu
- welchem Preis?

4. Quartärbereich: I n f o r m a t i o n s w i r t s c h a f t
- Beschaffung
- Verarbeitung
- Übermittlung

In der klassischen Ökonomie war dieser Bereich noch nicht genannt. Hierunter fallen alle Dienstleistungen, die kreativer und beratender Art sind.

Vermehrtes "Know-how" und erhöhter Kapitaleinsatz im auslaufenden Jahrtausend bedingen, daß im Primär- und Sekundärsektor mit höherer Produktivität gearbeitet wird als früher. Das bedeutet, daß in diesen beiden Sektoren Arbeitskräfte freigesetzt werden. Eine komplexe, wachstumsorientierte Volkswirtschaft bietet aber in den Betrieben des dritten und vierten Sektors neue Beschäftigungschancen. Dieser einfache Zusammenhang bedeutet für die Arbeitnehmerschaft insgesamt eine permanente, intensive Weiterbildung, um den erhöhten Anforderungen des zukünftigen Leistungsprozesses genügen zu können.

<u>Leistungskontrolle:</u>

1. Erläutern Sie die Begriffe "Betrieb" und "Unternehmung"!
2. Nennen Sie die vier Bereiche der Leistungserstellung für Dritte und erklären Sie ihre ökonomische Bedeutung!
3. Nennen Sie die Steuerungselemente der Wirtschaftlichkeit in einem volkseigenen Betrieb, in einer Unternehmung und in einem öffentlich-rechtlichen Betrieb!

Die Unternehmensformen

Wir wissen nun, daß die Unternehmen die eigentlichen Träger der Marktwirtschaft sind. Sie sind es, die ihre Leistungserstellung an den Bedürfnissen ihrer Kunden ausrichten und damit echtes Wirtschaften erst möglich machen, denn Wirtschaften bekommt nur einen Sinn über Bedürfniserfüllung!

Das Erkennen von Bedürfnissen, die noch auf Sättigung warten und deren Erfüllung durch kommerzielle Leistungen, ist aber ein mit Risiken behaftetes "Unternehmen".

Investitionen müssen getätigt, Materialien beschafft und Menschen beschäftigt werden, lange bevor die Leistung gegen Geld vermarktet werden kann. Manchmal erweisen sich die realisierten Investitionen und Beschaffungen als "zu spät", da die Märkte sich anders entwickelt haben als angenommen. Manchmal ist einfach das für die Vermarktung der eigenen Produkte auserkorene Bedürfnis schlicht verkannt worden. Wie auch immer, Investitionen und Beschaffungen setzen Geld voraus und es ist nicht sicher, ob dieses Geld auch wieder am Markt verdient werden kann.

Hier sind die sensiblen Zentren jeder Marktwirtschaft. In der Qualität unternehmerischer Entscheidungen liegt Wohl und Wehe der gesamten Volkswirtschaft. Je größer die Aufgaben für den Unternehmer werden, desto mehr Geld ist für sein Engagement notwendig. Dieses Geld besitzt er fast nie. Er ist daher auf die Partnerschaft von Geldgebern angewiesen. Fehlendes Geld kann dem Unternehmer bzw. der von ihm betriebenen Gesellschaft auf zwei Arten zur Verfügung gestellt werden: als Partnerschaftskapital oder als Kreditkapital.

Partnerschaftskapital wird in einer Unternehmung zu haftendem Eigenkapital. Kreditkapital wird in einer Unternehmung zu Fremdkapital, das kein Haftungskapital ist.

Der Begriff des Haftungskapitals ist für die Unternehmung deshalb so wichtig, weil sein Umfang etwas über die Operationsfähigkeit der Unternehmung aussagt. Die Höhe des Haftungskapitals bestimmt in weitem Umfang die Möglichkeit des Eingehens von Verbindlichkeiten und dies ist die Voraussetzung einer geordneten Geschäftstätigkeit.

Im unternehmerischen Alltag wird der Empfang von Ware nicht sofort bezahlt wie im Supermarkt. In der Regel wird später bezahlt. Auch ist Bargeld in den seltensten Fällen das Zahlungsmittel. Überweisung, Scheck und Wechsel treten sehr oft an seine Stelle. Diese Zahlungsweisen bergen aber höhere Risiken.
Das Eingehen von Verbindlichkeiten bleibt aber nicht nur auf den Zahlungsverkehr beschränkt. Größere Investitionsvorhaben übersteigen meistens das Eigenkapital des Unternehmers. Er sucht daher nach Partnern. Die Partnerschaft von Unternehmern innerhalb einer Gesellschaft ist ein wichtiges Fundament zur Erweiterung des Haftungskapitals. Sie bedarf daher einer gesetzlichen Regelung.

Diese Regelung ist im Handelsgesetzbuch (HGB) festgelegt. Es unterscheidet neben dem

> allein haftenden Einzelunternehmer, der mit seinem gesamten Privatvermögen für die Schulden der Unternehmung zu haften hat, auch

> Personengesellschaften, die aus mehreren Personen bestehen und die je nach Rechtsform gemeinsam für die Schulden der Unternehmung haften.

Solche Personengesellschaften sind:

> die offene Handelsgesellschaft (OHG) und die Kommanditgesellschaft (KG).

Die "stille Gesellschaft" ist jede Unternehmensform, an der Kapitalgeber beteiligt sind, die nicht genannt werden wollen. Sie ist daher keine Organisationsform, die nach außen hin anders in Erscheinung tritt als die bereits vorgestellten.

Neben den Personengesellschaften gibt es die Kapitalgesellschaften. Bei dieser Form der Unternehmung besteht keine persönliche Haftung der Eigentümer mehr, sondern die Unternehmung haftet aus sich heraus, auf Grund ihrer Kapitalausstattung. Natürlich muß die

Unternehmung dann auch mit einem entsprechenden Kapitalstock ausgestattet sein.

DM 50.000,- ist das Mindesteigenkapital der Gesellschaft mit beschränkter Haftung (GmbH), der »Terminus technicus« ist "Stammkapital".

DM 100.000,- ist das Mindesteigenkapital der Aktiengesellschaft (AG), der »Terminus technicus« ist "Grundkapital".

Bei den Kapitalgesellschaften kann es eine Trennung von Eigentümerschaft und Leitung der Unternehmung geben. Dies ist bei der AG meist, bei der GmbH seltener der Fall.

Die Gesellschaft bürgerlichen Rechts (BGB-Gesellschaft) wird zwar auch manchmal in diesem Zusammenhang genannt, sie ist aber keine Gesellschaft im Sinne des Handelsgesetzbuches (HGB), sondern eine vertragliche Vereinigung von Personen (natürliche, juristische) zur Erreichung eines gemeinsamen Zwecks in der durch den Vertrag bestimmten Weise. Sie kann für jeden beliebigen Zweck gegründet werden, auf Dauer oder nur vorübergehend.

Beispiele: Lottospielgemeinschaft, Fahrgemeinschaft.

Eine BGB-Gesellschaft wird nicht aus Gründen der Eigenkapitalakkumulierung gegründet und ist nicht auf kaufmännische Belange beschränkt. Sie ist, wie der Name sagt, eine Gesellschaft bürgerlichen Rechts und nicht des Handelsrechts. Haftungsbeschränkung auf das Gesellschaftsvermögen ist möglich. Dies ergibt sich aus dem Grundsatz der Vertragsfreiheit.
Im kaufmännischen Bereich dient sie häufig der Organisation des Zusammenschlusses von Unternehmen zu einer Kooperations-Gesellschaft, die ein bestimmtes Projekt bearbeitet (Gelegenheitsgesellschaft). Auch bei der Organisation von Freiberuflern (Sozietät) spielt sie eine Rolle.

Gesellschaftsformen nach dem HGB	
Personengesellschaften	**Kapitalgesellschaften**
Offene Handelsgesellschaft (OHG)	Gesellschaft mit beschränkter Haftung (GmbH)
Kommanditgesellschaft (KG)	Aktiengesellschaft (AG)
	Kommanditgesellschaft auf Aktien (KGaA)

Der Einzelunternehmer/Einzelkaufmann

Ein Kaufmann betreibt sein Geschäft allein. Er haftet unbeschränkt, auch mit seinem Privatvermögen. Die Eigenkapitalbeschaffung kann durch die Aufnahme eines stillen Gesellschafters erweitert werden. Wenn kein stiller Gesellschafter vorhanden ist, wird die Gewinnverwendung vom Unternehmer allein bestimmt.

Die Unternehmensgründung erfolgt formlos, jedoch ist eine Eintragung im Handelsregister vorgeschrieben, wenn ein Handelsgewerbe im Sinne des Gesetzes betrieben wird (§ 1 HGB »Mußkaufmann«). Die Firma ist der Name, unter dem der Kaufmann seine Geschäfte betreibt und besteht aus dem Familiennamen und mindestens einem ausgeschriebenen Vornamen (§§ 17, 18 HGB).

Die Offene Handelsgesellschaft (OHG)
gesetzl. Grundlagen: HGB §§ 19, 105ff; BGB §§ 706, 718

Sie ist eigentlich eine Mehrpersonen-Einzelunternehmung, da jeder einzelne Gesellschafter die gleichen Rechte hat. Die Firma muß den Namen mindestens eines Gesellschafters mit einem Zusatz enthalten, in dem das Gesellschaftsverhältnis zum Ausdruck kommt z.B. Karl Müller & Co oder Karl Müller oHG.

Alle Gesellschafter sind zur Geschäftsleitung befugt und haften gesamtschuldnerisch mit ihrem Vermögen (§§ 128f HGB). Die Gewinnverteilung erfolgt laut Vertrag. Die Eigenkapitalbeschaffung kann durch Aufnahme neuer Gesellschafter verbessert werden.

Die Kommanditgesellschaft (KG)
gesetzl. Grundlagen: HGB §§ 19, 161 ff

Hauptmerkmal der KG ist die unterschiedliche Haftung der Gesellschafter:
mindestens ein Gesellschafter (Komplementär) haftet unbeschränkt mit der Einlage und dem Privatvermögen und mindestens ein Gesellschafter (Kommanditist) haftet nur mit der Einlage. Wegen dieser Haftungsbeschränkung für die Kommanditisten muß die Rechtsform KG in der Firmenbezeichnung ausdrücklich genannt werden. Die Voll- und Teilhafter können auch juristische Personen sein.

Eine häufig anzutreffende Gesellschaftsform ist die GmbH & Co KG, bei der aus Gründen der Haftungsbeschränkung eine GmbH als Komplementär auftritt. Der Kommanditist hat, soweit nichts anderes vertraglich festgelegt wurde, nur beschränkte Kontrollrechte, z.B. die Prüfung des Jahresabschlusses.

Gesellschaft mit beschränkter Haftung (GmbH)
gesetzl. Grundlagen: HGB, GmbH-Gesetz

Die GmbH wird auch als kleine Kapitalgesellschaft bezeichnet. Sie ist eine Handelsgesellschaft mit eigener Rechtspersönlichkeit, deren Gesellschafter mit Einlagen beteiligt sind, ohne persönlich für die Verbindlichkeiten der Gesellschaft zu haften.

Die Gründung ist mit wenig Kapital möglich: DM 50.000,- (Teileinzahlung 25%, jedoch mindestens DM 25.000.-). Die Gesellschafter haben ein weitgehendes Mitspracherecht in der Gesellschafterversammlung. Die Leitung der GmbH liegt bei einem oder mehreren Geschäftsführern, die von der Gesellschafterversammlung meist ohne Zeitbeschränkung eingesetzt werden. Häufig sind Gesellschafter zugleich Geschäftsführer.

Aktiengesellschaft (AG)
gesetzl. Grundlagen: HGB, Aktiengesetz

Die Aktiengesellschaft, auch große Kapitalgesellschaft genannt, ist eine Handelsgesellschaft mit eigener Rechtspersönlichkeit, deren Gesellschafter (Aktionäre) mit ihrer Einlage auf das in Aktien geteilte Grundkapital beteiligt sind.

Zur Gründung einer AG sind mindestens fünf Gesellschafter notwendig, die eine Satzung (Gesellschaftsvertrag) aufstellen, die gerichtlich oder notariell beurkundet werden muß. Die AG entsteht erst mit der Eintragung in das Handelsregister. Folgende Gründe sprechen für die AG:
- Haftung begrenzt sich auf erworbene Aktien,
- leichte Kapitalbeschaffung für große Unternehmen.

Das Grundkapital der AG muß mindestens DM 100.000,- betragen. Es ist aufgeteilt in Aktien zu DM 50,- oder DM 100,- bzw. ein Vielfaches davon. Aktien dürfen nicht unter dem Nennwert ausgegeben werden. Üblicherweise werden die Aktien mit einem Preisaufschlag auf den Nennwert (Agio) ausgegeben, der als Rücklage gebucht wird.
Bei der AG ist die Trennung zwischen Eigentümern (Aktionären) und Betriebsleitung (Vorstand) streng durchgeführt. Die Mitglieder des Vorstandes und nicht die wirtschaftlichen Eigentümer des Betriebes sind die eigentlichen Unternehmer. Der Vorstand trifft sämtliche Führungsentscheidungen selbständig und trägt die gesamte Verantwortung für die wirtschaftliche Entwicklung der Gesellschaft und das ihm anvertraute Kapital.

Die AG hat drei Organe:	die Hauptversammlung (HV),
den Aufsichtsrat (AR) und
den Vorstand.

Die Hauptversammlung hat keinen Einfluß auf die laufende Geschäftsführung, vor allem kann sie in der Regel die Feststellung des Jahresabschlusses und damit die Höhe des zur Verteilung gelangenden Gewinns nicht beeinflussen, obwohl die Aktionäre das gesamte Kapitalrisiko tragen.

Nach § 119 Abs. 1 AktG beschließt die HV in den im Gesetz und in der Satzung ausdrücklich bestimmten Fällen, insbesondere über:

1. die Bestellung der Mitglieder des AR der Anteilseigner
2. die Verwendung des Bilanzgewinns
3. die Entlastung der Mitglieder des Vorstandes und des AR
4. die Bestellung der Abschlußprüfer
5. Satzungsänderungen (Dreiviertelmehrheit erforderlich)
6. Maßnahmen der Kapitalherabsetzung und Kapitalbeschaffung
7. die Auflösung der Gesellschaft

Ein weiteres Organ der AG ist der Aufsichtsrat, der von der Hauptversammlung für höchstens vier Jahre bestellt wird. Er hat die Geschäftsführung des Vorstandes zu überwachen, der ihn mindestens alle drei Monate über die Lage der Gesellschaft informieren muß. Der AR setzt sich aus mindestens drei, höchstens 21 Mitgliedern zusammen, die nicht gleichzeitig dem Vorstand angehören dürfen.

Nach dem Betriebsverfassungsgesetz (§ 76) ist ein Drittel der Mitglieder von den Arbeitnehmern zu wählen. Die Arbeitnehmervertreter setzen sich aus Arbeitnehmern des Unternehmens und Repräsentanten der im Unternehmen vertretenen Gewerkschaften zusammen. Die Arbeitnehmer des Unternehmens bilden drei Gruppen: Arbeiter, nicht leitende Angestellte und leitende Angestellte. Diese Gruppen sind entsprechend ihrem zahlenmäßigen Verhältnis zu berücksichtigen, jedoch muß mindestens ein Vertreter jeder Gruppe im AR vertreten sein. (§ 15 Abs. 2 MitbestG)[3]

Die Geschäftsführung wird vom Vorstand wahrgenommen, der durch den Aufsichtsrat bestellt wird. Besteht der Vorstand aus mehreren Personen, sind sämtliche Vorstandsmitglieder nur gemeinschaftlich zur Geschäftsführung befugt. Aufgaben des Vorstandes (§ 90 AktG) sind:

---

[3] Vgl. G. Wöhe: Einführung in die allgemeine BWL, 16. Auflage, München 1986 (im folgenden zitiert als: G. Wöhe: BWL).

- regelmäßige Berichterstattung an den Aufsichtsrat
- Aufstellung des Jahresabschlusses
- Einberufung der Hauptversammlung mindestens einmal im Jahr
- Vorschlag für die Gewinnverteilung

Kommanditgesellschaft auf Aktien (KGaA)
gesetzl. Grundlagen: AktG, HGB

Die KGaA hat die gleichen Organe wie die Aktiengesellschaft. Das Recht zur Geschäftsführung steht kraft Gesetzes den persönlich haftenden Gesellschaftern zu. Sie bilden den Vorstand. So tragen diese im Gegensatz zur AG einen Teil des Kapitalrisikos.

Jetzt wissen Sie, was eine Betriebswirtschaft ist.

Jetzt wissen Sie, was eine Unternehmung in der Marktwirtschaft ist.

Jetzt wissen Sie, in welcher Rechtsform eine Unternehmung in unserem Staat auftreten kann!

Im weiteren Studium geht es nun darum, WIE eine Unternehmung funktioniert. Eine Unternehmung ist betriebswirtschaftlich in drei Funktionsbereiche gegliedert, die man kurz Funktionen nennt.

Die betrieblichen Grundfunktionen und ihre Interdependenz

Unter den betrieblichen Grundfunktionen versteht man:

- Absatz

- Produktion

- Finanzierung

Interdependenz bedeutet, daß diese drei Grundfunktionen aufeinander einwirken und daher voneinander abhängig sind.

Unter Absatz versteht man alle Maßnahmen, die notwendig sind, um die Leistungserstellung der Unternehmung am Markt zu realisieren: von der Marktforschung über Produktgestaltung, Werbung, Verkaufsförderung und Preispolitik bis hin zum Verkauf.

Unter Produktion versteht man alle Maßnahmen zur Leistungserstellung. Von der Beschaffung der Materialien über ihre Lagerung, die Fertigung bis zur Endlagerung der Fertigprodukte.

Unter Finanzierung versteht man die Beschaffung und Disposition von Kapital.

Regelkreis der Unternehmung

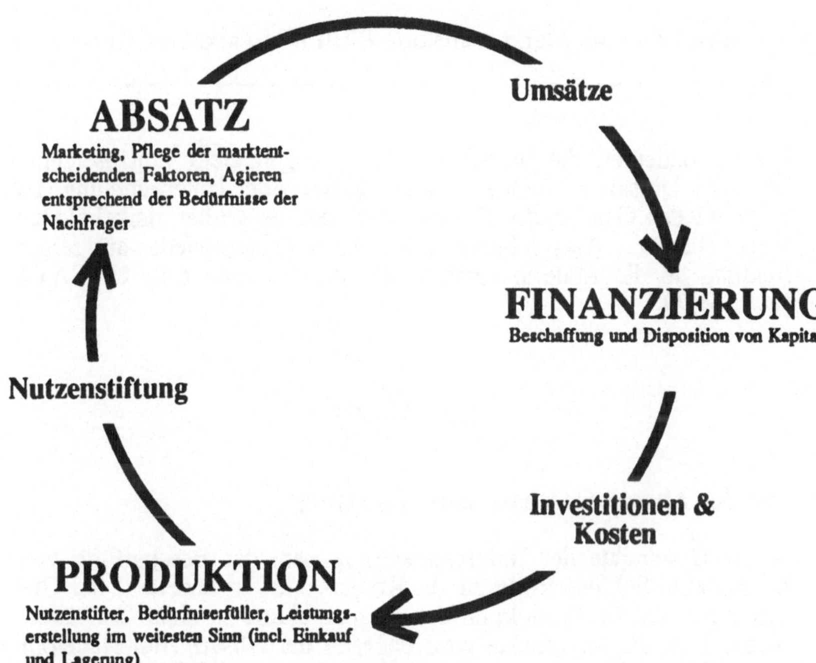

Diejenige Funktion, die den größten Engpaß zu bewältigen hat, besitzt die größte Bedeutung.

Ein Fehler in einer der Grundfunktionen führt automatisch zu Fehlentwicklungen in den anderen

Funktioniert beispielsweise die Grundfunktion Absatz nicht einwandfrei, so werden sich fehlende Umsätze in der Finanzierung niederschlagen und dadurch wird auch die Produktion in Mitleidenschaft gezogen, weil schlimmstenfalls die Gelder für notwendige Produktionsfaktoren fehlen.

UMSATZ = am Markt realisierte PREISE x verkaufte MENGE

Umsatz bedeutet, die produzierte Ware gegen Geld »umzusetzen«. Über den Umsatz schließt sich der Regelkreis der Unternehmung. Es fließt wieder Geld in die Kassen, nachdem es vorher risikobeladen ausgegeben war. Das gebundene Kapital wird nun wieder aus seiner Bindung an die Materie »erlöst«. Daher sagt man statt UMSATZ auch ERLÖS.

Der Absatz

Von der Absatzwirtschaft zum Marketing

In der Geschichte der Industrialisierung kam der Beschaffung von Kapital eine Schlüsselrolle zu. In Kriegs- und Krisenzeiten, bei Gütermangel, ist die Produktion der Engpaßfaktor. In einer Zeit überwiegend gesättigter Märkte wird dagegen der Absatz zum Nadelöhr für die Lebensfähigkeit der Unternehmung. MARKETING, als aktive Absatzwirtschaft, wird die wichtigste Funktion.

Die Absatzwirtschaft wird somit zum bestimmenden Entscheidungszentrum für die gesamte Unternehmenspolitik. Selbst die großzügigste Bereitstellung finanzieller Mittel und die modernste Herstellung technisch hochwertiger Produkte ist kaufmännisch sinnlos, wenn diese Produkte nicht verkäuflich sind. Nach dieser Philosophie bedeutet Marketing nicht einfach "das Verkaufen von Gütern" sondern das Schaffen von Nachfrage für die Produkte der Unternehmung. Dieses "Schaffen von Nachfrage" kann natürlich nur unter umfassender Berücksichtigung gesellschaftspolitischer, staatspolitischer und umweltpolitischer Aspekte geschehen.

> Eine Unternehmung ist erst dann in der Lage, die notwendigen Umsätze zu erwirtschaften, wenn eine entsprechende Akzeptanz für die von der Unternehmung erstellten Produkte bei den Nachfragern deutlich wird. Die Umsätze werden zur Erhaltung eines sich selbst tragenden Finanzierungskreislaufes dringend benötigt.

Folglich geht es bei der Absatzfunktion um das zentrale Problem der Maximierung der Umsätze. Da die Höhe der Umsätze von den realisierten Preisen und von den verkauften Mengen abhängig ist, wollen wir diese beiden Elemente näher betrachten.

Mengen und Preise

PREISE sind in Geld bewertete Gegenleistungen für die Nutzenstiftung der Produkte. Daher können die Preise für die Produkte umso höher sein, je größer die entsprechende Nutzenstiftung ist. Nur die Nutzenstiftung eines Produktes vermag den Käufer/Kunden zu veranlassen, den gewünschten Preis zu bezahlen.

Die Relation Nutzenstiftung zu gefordertem Preis verläuft langfristig proportional, wobei zu bedenken ist, daß die Nutzenstiftung nicht makroökonomisch festgestellt werden kann, sondern von den Nachfragern individuell subjektiv empfunden wird.

Nicht nur die am Markt realisierten Preise sind erlösbestimmend, sondern auch die verkauften MENGEN. Es genügt nicht, den gewünschten Preis nur vereinzelt bzw. bei geringen Stückzahlen zu realisieren, vielmehr muß er für alle Produkte, die das Unternehmen absetzen will, realisiert werden.

Die abzusetzende Menge wird weitgehend davon bestimmt, welche Produktionskapazitäten auszulasten sind. Es ist daher bereits bei der Planung der Produktionskapazitäten darauf zu achten, daß die zu produzierenden Mengen in Relation zu dem mengenmäßigen Absatzpotential der Unternehmung stehen.

PREIS und MENGE müssen daher als zwei sich ergänzende Elemente für die Absatzpolitk der Unternehmung betrachtet werden. Beide hängen, wie bereits dargestellt, ausschließlich vom Grad der Nutzenstiftung der zu verkaufenden Produkte ab.

Es muß daher untersucht werden:

a)   wie groß der Nutzenstiftungsgrad jedes einzelnen Produktes ist;

b)   wie groß die Anzahl der möglichen Konsumenten ist, die den Nutzenstiftungsgrad eines Produktes überwiegend gleich beurteilen (Zielgruppenbetrachtung);

c)   ob der vom Unternehmen angepeilte Verkaufspreis mit der Nutzenerwartung und der Kaufkraft der Endabnehmer übereinstimmt, d.h. es ist zu prüfen, ob die Zielgruppe überhaupt genügend Kaufkraft besitzt, um die von ihr gewünschten Produkte zu den entsprechenden Preisen kaufen zu können.

In den modernen Märkten unserer Industriegesellschaften sind alle Produkte zu gleichen Preisen abzusetzen. Preisdifferenzierung ist nur auf strikt getrennten Märkten möglich. Diese Trennung ist aber bei den globalen Verflechtungen unserer Volkswirtschaften heute nicht mehr realisierbar.

VW kann nicht

    1.000 GOLF-Autos zu Höchstpreisen
  10.000 GOLF-Autos zu DM 50.000,-
  20.000 GOLF-Autos zu DM 40.000,-
  80.000 GOLF-Autos zu DM 35.000,-

den Großteil zum Listenpreis und einen schlecht verkäuflichen Rest schließlich zum »Discountpreis« absetzen. Ein derartiges Verhalten, ähnlich dem von Basarverkäufern, würde ein modernes Industrieunternehmen unglaubwürdig machen.
Der Preis für die Produkte muß folglich so festgelegt werden, daß nicht nur einzelne Artikel oder eine kleine Anzahl zu einem gewinnorientierten Preis verkauft werden können, sondern die gesamte Produktion muß zu gleichen Preisen abgesetzt werden. Mengen- und

Preispolitik sind interdependent und daher als Gesamtheit zu betrachten.

Produkte als Nutzenstifter

Die Produkte sind das Herz jeder Unternehmenspolitik. Über die Produkte wird schließlich das Geld wiederverdient, das vorher von den Eigentümern angelegt und von den Gläubigern kreditiert wurde. Die Produkte sind die Umsatzträger der Unternehmung, d.h. sie setzen Materie in Geld um. Erst wenn Materie so geformt wurde, daß sie den Geschmack der Kunden trifft, werden aus Kunden Käufer.

Produktpolitik, das Gestalten von Produkten nach den Vostellungen der Kunden, setzt Kenntnisse über diese voraus. Die menschliche Vorstellungswelt ist abhängig von den im Menschen innewohnenden Motiven und Werten. Diese versuchen sich in Form von Wünschen zu artikulieren. Treffen die Wünsche auf ein entsprechendes Angebot, so kommt es zum Kaufabschluß. Ist dies nicht der Fall, so kommt es nur zu Wunschvorstellungen in der Phantasie, die ihrer Realisierung harren. Aufgabe der Produktpolitik ist es nun, latente, d. h. noch im Verborgenen liegende Wunschvorstellungen aufzuspüren und über ein entsprechendes Angebot zu erfüllen. Das ist der Königsweg!

Im Zeitalter übersättigter Märkte wird versucht, immer wieder neue Geschmacksvarianten über neu aufgelegte Produkte zu treffen, in der Hoffnung, damit neue Geschäfte anzukurbeln. Wie auch immer, egal ob ich noch latente Bedürfnisse ansprechen kann, oder ob ich durch neue Angebotsformen noch unbefriedigte Bedürfnissektoren treffen will, in jedem Fall sind Kenntnisse über die menschlichen Bedürfnisse hilfreich bei der Entscheidungsfindung.

Bedürfnisse zeichnen sich allgemein durch ein Mangelempfinden aus. "Ein Bedürfnis sagt mir, was mir fehlt!", so drückte es einmal eine Studentin aus. Bedürfnisse sind also der Ausdruck von

- fehlender Nahrung
- fehlender Wärme
- fehlender Abkühlung
- fehlender Partner

- fehlender Geborgenheit
- fehlender Anerkennung
- fehlender Liebe
- fehlender Möglichkeit, sein Ego darzustellen
- fehlender Möglichkeit, SELBST zu sein.

Der amerikanische Psychologe *Abraham H. Maslow* stellte die menschlichen Bedürfnisse in Form einer Pyramide dar[4].

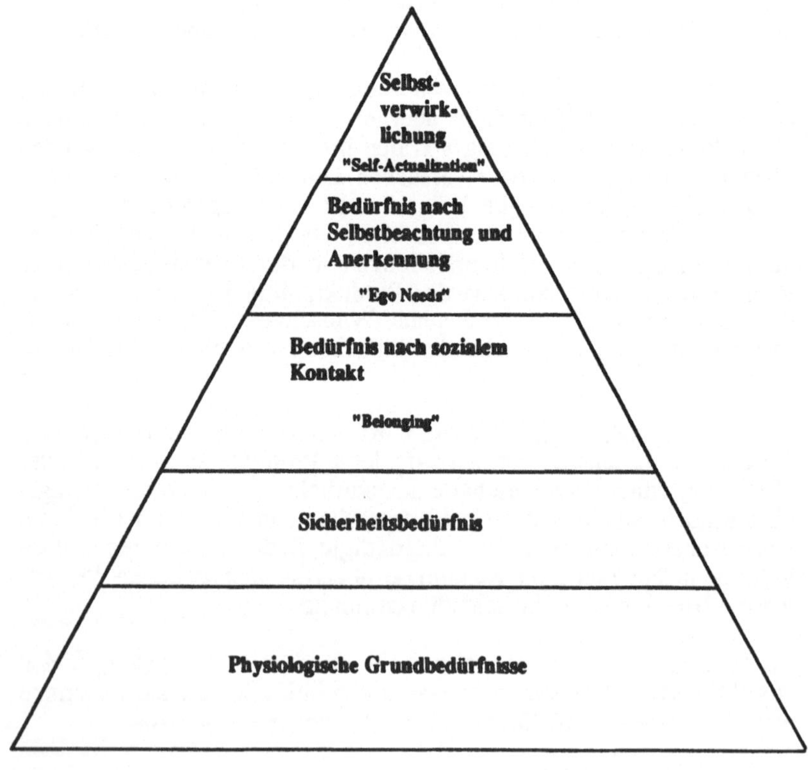

---

[4] <u>Hirth/Sattelberger/Stiefel</u>: Lifestyling: das Leben neu gewinnen, Landsberg 1981, S. 16.

Wie auch immer man diese Darstellung beurteilen mag, sie wurde verschiedentlich bezüglich ihrer Hierarchisierung der Bedürfnisse kritisch bewertet. So schreibt beispielsweise *Viktor E. Frankl*, daß auch in Gefangenschaft bei sehr großen Defiziten in der Erfüllung der Grundbedürfnisse Selbstverwirklichung möglich ist.[5]
Für den Unternehmer kommt es nun darauf an, seine Produkte so zu gestalten, daß sie möglichst vielen Personen ein Optimum an Nutzen stiften.

Der Nutzenstiftungsgrad

Bedürfnisse sind subjektiver Natur, d.h. jeder legt eine andere "Nutzenpriorität" eines Produktes oder einer Leistung für sich speziell fest. Während der eine beim Kauf eines Kraftfahrzeuges besonders auf Komfort und Bequemlichkeit achtet, legt ein anderer mehr Wert auf die Motorleistung, der nächste sieht das Auto als Statussymbol.

Aus diesem Grund verläuft auch die Relation Nutzenstiftung zu gefordertem Preis proportional, wobei zu beachten ist, daß die Nutzenstiftung von den Nachfragern immer subjektiv bewertet wird.

> Produkte, die Bedürfnisse der Kunden erfüllen sollen, müssen diesen Bedürfnissen entsprechend konstruiert werden.

> Produkte können in einzelne Nutzenstiftungselemente zerlegt werden, wobei diese Nutzenstiftungselemente analog den Bedürfniselementen konzipiert sein müssen.

Das Problem von Angebot und Nachfrage

Da die subjektiven Bedürfnisse des Menschen verlangen, befriedigt zu werden, kommt es zur Nachfrage. Die Unternehmen, die in den verschiedenen Sektoren zur Leistungserstellung tätig sind, geben ihrerseits Angebote zur Bedürfnisbefriedigung ab. Überall dort, wo

---

[5]   Vgl. V. E. Frankl: Der Mensch vor der Frage nach dem Sinn, München 1979, S. 168 ff.

Anbieter und Nachfrager aufeinandertreffen, entsteht ein Markt (z.B. Wochenmarkt, Supermarkt, Börse).

Das Verhalten aller Nachfrager bezüglich eines bestimmten Produktes läßt sich in einer sogenannten Nachfragekurve darstellen. Es ist anzumerken, daß diese Kurve nur unter folgenden Voraussetzungen gilt:

1. Die Einkommen der Nachfrager müssen gegeben sein, bzw. das Kaufkraftverhalten muß bekannt sein.
2. Die Bedürfnisstruktur muß gegeben sein.
3. Die Preise der Konkurrenzprodukte müssen gegeben sein.

Aus der vereinfachten Darstellung unten wird deutlich, daß umso weniger gekauft wird, je höher der Preis ist. Die Angebotskurve stellt dar, wie sich Unternehmen unter gewöhnlichen Bedingungen am Markt verhalten: je höher die Preiserwartung ist, um so mehr Unternehmen werden bereit sein, ein Angebot abzugeben.

Nachfrage und Angebot

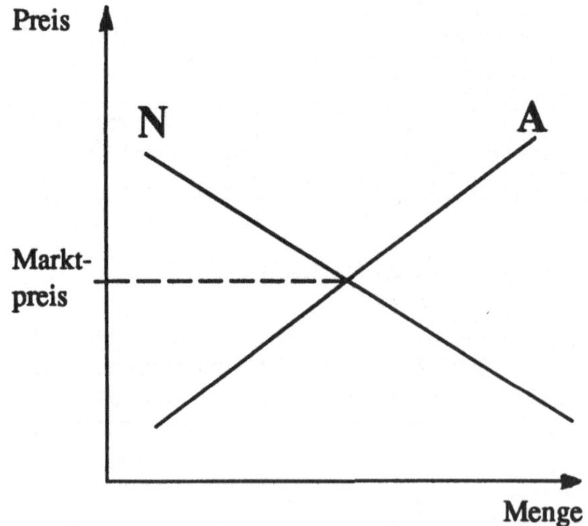

In vorstehender Abbildung fällt auf, daß sich die beiden Kurven in einem Punkt schneiden. Hier liegt offensichtlich ein Gleichgewicht zwischen Angebot und Nachfrage vor. Anbieter und Nachfrager haben sich hier auf einen Preis, den man Gleichgewichts- oder Marktpreis nennt, geeinigt.

> Der Gleichgewichtspreis ist derjenige Preis, bei dem eine Zahl von Anbietern (Produzenten) es für wert findet, zu produzieren und zu verkaufen und eine Zahl von Nachfragern (Käufern, Kunden) es für wert findet, zu kaufen.

Es leuchtet ein, daß nicht alle bei diesem Preis in der Lage sind, zu kaufen oder zu verkaufen. So spricht man von Grenzproduzenten, die gerade noch mit ihrem Angebot zum Zuge kommen. Diejenigen Anbieter, die sogar noch billiger hätten verkaufen können, haben somit einen zusätzlichen "Gewinn", den man "Produzentenrente" nennt.

Ein Tomatenanbauer, der auf dem Markt DM 4,50 für seine Tomaten erhält, hat eine "Produzentenrente" von DM 1,50, wenn er DM 2,00 Herstellungskosten hat, gegenüber der Masse der Produzenten, deren Herstellungskosten DM 3,50 betragen. Den Grenzproduzenten kosten seine Tomaten bereits DM 4,49.

Grenzkonsument ist derjenige, der gerade noch in der Lage ist, den Marktpreis zu bezahlen. Der Konsument, welcher in der Lage gewesen wäre, mehr zu bezahlen, erzielt eine "Konsumentenrente".

Millionäre könnten für ein Kilogramm Brot mehr bezahlen als sie tatsächlich dafür ausgeben müssen. Dieser Unterschied ist die "Konsumentenrente". Im Gegensatz dazu dürfte der Brotpreis für einen Kaufkraftschwachen nicht höher sein, da er sich sonst überhaupt kein Brot leisten könnte.

Wenn der Brotpreis sich an der Einkommensstruktur ausrichtet, dann wird er staatlicherseits subventioniert, wie es in der DDR der Fall war. Wir haben dann eine einkommensorientierte Preispolitik und keine marktorientierte. Aber auch in einem solchen Fall tritt eine "Konsumentenrente" auf, da nicht alle Einkommen sich am untersten Level bewegen. Man kann durch eine solche Politik aber garantieren, daß auch der Einkommenschwächste Brot kaufen kann. Dies ist eine Kerndoktrin des Sozialismus.

Die dynamische Preisentwicklung

"Der Gleichgewichtspreis ist dadurch gekennzeichnet, daß bei ihm kein Anbietender oder Nachfragender, der bereit ist, ihn zu akzeptieren, unbefriedigt vom Markt geht. Solange der Preis diese Lage nicht gefunden hat, wird er nicht zur Ruhe kommen." (*Wilhelm Röpke*: Die Lehre von der Wirtschaft)

Der Gleichgewichtspreis ist derjenige Preis, der den Markt räumt. Dies ist einer der wichtigsten und elementarsten Sätze der gesamten Lehre von der Wirtschaft.

Bei einzelnen landwirtschaftlichen Produkten wird bei Konkurrenzpreisen ein Steigen der Nachfrage nicht sofort zu einer Erhöhung des Angebotes des betreffenden Gutes führen können. Eine Angebotsanpassung an die veränderte Nachfragesituation ist also bei manchen Gütern erst nach Ablauf einer gewissen Zeit möglich ("verzögerte Angebotsanpassung").

Das Cobweb-Theorem (Schweinezyklus)

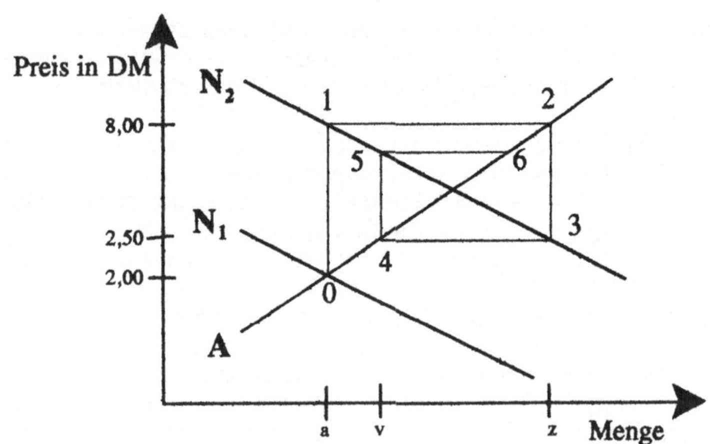

(0) Die Anbieter wollen für DM 2.- verkaufen und bieten eine Menge 'a' an. Die Nachfrage ist aber so groß, so daß der Preis auf DM 8.- hochschnellt (1).

(1) In dieser Situation werden aber mehr Leute motiviert, Schweine zu mästen, so daß im nächsten Jahr ein Angebot 'z' zur Verfügung steht (2).

(2) Es wird nun eine Menge 'z' zu einem Preis von DM 8.- angeboten. Zu diesem hohen Preis kann aber nicht verkauft werden. Die Menge 'z' kann nur zu einem Preis von DM 2,50 verkauft werden (3).

(3) Dieser geringe Preis frustriert nun viele Mäster und sie ziehen sich aus dem Geschäft zurück. Die Folge, das Angebot nimmt wieder ab. Im nächsten Jahr wird nur die Menge 'v' angeboten, im Glauben der Marktpreis wäre nur DM 2,5O (4).

(4) Doch die Nachfrage ist in Wirklichkeit höher und so steigt der Preis gegen DM 7,50 (5).

(5) Dieser neue unerwartet hohe Marktpreis ermutigt wieder mehr Mäster Fleisch zu produzieren (6).

(6) Das Angebot wird im nächsten Jahr wieder so groß, daß es zum Preis von DM 7,50 nicht verkauft werden kann. Das Spiel wiederholt sich.

Der Vorgang wiederholt sich solange, bis Angebot und Nachfrage sich eingependelt haben.

Dieses Beispiel aus der klassischen Nationalökonomie zeigt, daß im Laufe der Zeit Preisänderungen entstehen, weil Angebots- und Nachfrage *vorstellungen* sich anders realisieren als gedacht.

Früher waren es die kleinen Handwerker, die aus Gründen hoher oder niedriger Preiserwartung Schweine mästeten, um sich ein »Zubrot« zu verdienen. Natürlich erwarteten sie, daß ihre Mühe belohnt wurde. Daher kam es immer dann zu erhöhtem Mastaufkommen, wenn die Preise für Schweinefleisch besonders hoch erwartet wurden. Stellten sich dann bei Schlachtreife niedrigere Preise ein, so kam »Frust« auf und in der nächsten Saison wurde nicht mehr gemästet mit der Folge, daß aus Mangel an Angebot die Preise wieder stiegen.

Die Preiselastizität der Nachfrage

Ein Unternehmen ist bestrebt, den größtmöglichen Gewinn zu erzielen. Dieser ergibt sich aus der Differenz zwischen Gesamterlös und Gesamtkosten. Der Umsatz einer Unternehmung ist das rechnerische Produkt aus abgesetzter Menge und realisierten Verkaufspreisen.

Die Unternehmung ist immer bestrebt, ihre Umsätze zu maximieren, d.h. sie zielt auf höchstmögliche Absätze und Verkaufspreise. Aus der Kenntnis von Angebots- und Nachfragekurve wissen wir jedoch, daß in der Regel höhere Preise geringere Mengenabsätze nach sich ziehen und somit die höchsten Verkaufspreise nur bei kleinem Mengenabsatz möglich sind.

Es handelt sich hier um eine Konfliktsituation zwischen Preis und Menge, welche ihre Ursache in den unterschiedlichen Bedürfnisstrukturen und dem differenzierten Kaufvermögen der Menschen hat. Nur die Waren, die Standardbedürfnisse erfüllen und zu niedrigen Preisen angeboten werden, können in größtmöglichen Mengen verkauft werden, d.h. ein großer Mengenabsatz ist, unterstellt man gewöhnliche Marktbedingungen, nur in bestimmten Produktkategorien zu niedrigen Preisen möglich.

Erhöht sich das Preisniveau, schmälert sich automatisch die Nachfrage, denn höhere Preise werden nur von denjenigen bezahlt, deren Bedürfnis in dieser Produktkategorie besonders ausgeprägt und deren Kaufkraft ausreichend ist.

Daher kann man folgende Regeln aufstellen:

- Je höher der Preis, desto geringer die abgesetzte Menge.

- Je niedriger der Preis, desto größer die abgesetzte Menge.

Jedoch existieren hierzu einige Ausnahmen:

- Der Snob-Effekt kennzeichnet den Willen, sich aus der Allgemeinheit herauszuheben.

- Der Mitläufer-Effekt kennzeichnet die nach Vorbildern Handelnden.

- Das Preis - Qualitäts - Urteil: Der Preis wird als Qualitätsmaßstab behandelt, d.h. hoher Preis wird mit hoher Qualität gleichgesetzt.

Die diesen Gruppen Zugehörigen sind aus den gewöhnlichen Nachfragegesetzmäßigkeiten auszuschließen.

Die Preiselastizität der Nachfrage wird durch den Elastizitätskoeffizienten (Ekf) bestimmt, welcher das Verhältnis zwischen relativer Mengenänderung und relativer Preisänderung angibt.

$$Ekf = \frac{\text{Relative Mengenänderung}}{\text{Relative Preisänderung}}$$

Ist der Elastiztätskoeffizient größer als Eins, so handelt es sich um eine preiselastische Nachfrage, ist er kleiner als Eins, so ist die Nachfrage preisunelastisch.

Im nachstehenden Beispiel wird die relative Mengenänderung der Nachfrage im Verhältnis zur auslösenden Preisänderung besonders deutlich. Die Nachfragekurve N_1N_1' zeigt eine drastische Mengenänderung m_0-m_1 bei verhältnismäßig geringer Preissenkung p_0-p_1, wogegen die Kurve N_2N_2' eine geringere Mengenänderung trotz deutlich veränderten Preisniveaus zeigt.

Preiselastizität der Nachfrage

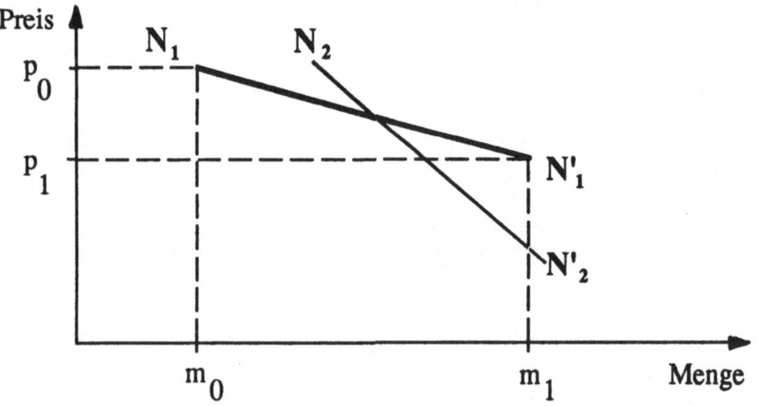

Die Preiselastizität der Nachfrage drückt aus, in welchem Verhältnis sich die »alte« verkaufte Menge zur »neuen« verkauften Menge verändert, wenn der Preis auch verändert wird. Sie ist groß, wenn sich die absetzbare Menge bei einem gegebenen Steigen oder Fallen des Preises stark verändert; sie ist klein, wenn sie sich bei der Preisänderung nur wenig verändert.[6]

---

[6] Vgl. E. Carell: Allgemeine Vokswirtschaftslehre, Heidelberg 1958, S. 97.

Die preiselastische Nachfrage

Preiselastische Güter sind Güter, die für die Existenzsicherung des Menschen weniger notwendig sind, aber lustbetonte Ereignisse herbeirufen können. Beispiele: Speiseeis für Kinder, Benzin für Autonarren. Bei stark preiselastischen Gütern ist eine Preisänderung immer mit Mengenänderungen verbunden.

Die preisunelastische Nachfrage

Die preisunelastische Nachfrage ist dadurch gekennzeichnet, daß "gekauft wird, egal zu welchem Preis". Was bedeutet das in der Praxis?
Sollten die Preise für Grundnahrungsmittel wie Brot, Milch, Butter, Eier, etc. drastisch erhöht werden, so wird dennoch kein Mensch den Konsum dieser lebensnotwendigen Güter einstellen, sondern ihn allenfalls reduzieren.

Das charakteristische Kurvenbild bei preisunelastischen, lebensnotwendigen Gütern macht deutlich, daß immer eine Mindestmenge davon benötigt wird, ungeachtet der Höhe des Preises.

Untenstehende Abbildung zeigt uns eine charakteristische Kurve für ein preisunelastisches Gut (z.B. Salz):

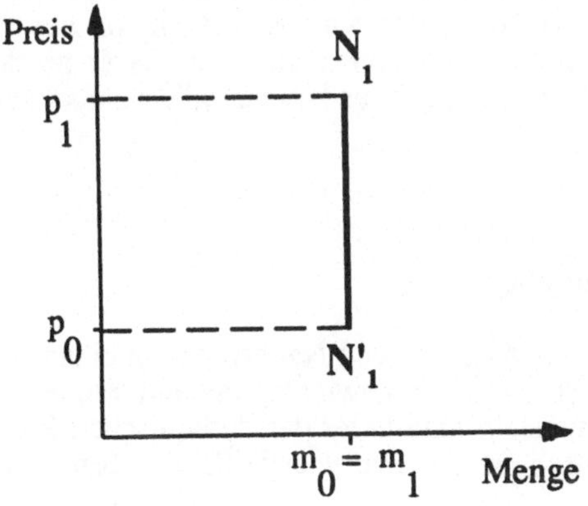

<u>Beispiele:</u>

Auf einem Wochenmarkt werden an einem Samstagmorgen 10.000 Eier zu einem Stückpreis von DM 0,20 verkauft. Eine Woche später erhöht sich der Preis auf DM 0,23. Wie viele Eier werden verkauft, wenn ein Elastizitätskoeffizient von 1 unterstellt wird?
- Es werden ungefähr nur 9.000 Eier verkauft.

Ein Speiseeisverkäufer verkauft an einem Nachmittag 500 Portionen Eis zu DM 1,50 pro Portion. Am Kirchweihfest reduziert er den Preis auf DM 0,50 pro Portion. Wieviele Portionen verkauft er, wenn ein Elastizitätskoeffizient von 3 unterstellt wird?
- Am Kirchweihfest verkauft er fast 1.500 Portionen.

Sie sehen, daß durch Kenntnis des Elastizitätskoeffizienten (Ekf) von Preisänderungen auf die verkauften Mengenänderungen geschlossen werden kann.

Die entscheidende Frage, die nun auftritt, ist, wer gibt Auskunft über die Preiselastizität der Nachfrage? - Dafür gibt es leider keine Tabellen. Hier kann man nur Erfahrungswerte zur Entscheidungsfindung heranziehen. Es ist auch gar nicht so wichtig, diesen Koeffizienten genau zu bestimmen. Für die Praxis ist nur entscheidend, ob das Gut im Markt eine elastische oder unelastische Nachfrage bewirkt. Daher ist nur interessant zu wissen, ob der Elastizitätskoeffizient (Ekf) größer oder kleiner als 1 ist. Ist er größer als 1, gilt die Nachfrage als elastisch, ist er kleiner, gilt sie als unelastisch.

<u>Leistungskontrolle:</u>

1. Wie sind Angebot und Nachfrage voneinander abhängig?
2. Was ist der Gleichgewichtspreis und wie entsteht er?
3. Was versteht man unter der dynamischen Preisentwicklung?
4. Wodurch ist die Preiselastizität der Nachfrage gekennzeichnet?

5. Nennen Sie Produkte, deren Nachfrage preiselastisch, bzw. preisunelastisch ist und begründen Sie Ihre Wahl!
6. Was ist ein Grenzproduzent? Zu welchen Kosten produziert er?
7. Wer erhält eine Konsumentenrente?
8. Wer erhält eine Produzentenrente?

Wertlehre

Die Wertlehre schafft die Basis für die Preisbildung der in einer Marktwirtschaft gehandelten Güter. Während in der vorkapitalistischen Zeit der Wert eines Gutes durch das Maß der aufgewendeten Arbeit bestimmt wurde, ist heute die Nutzenstiftung eines Gutes bestimmend für seinen Wert.

In grauer Vorzeit, bei einer primitiven Jägergesellschaft, so schrieb der Schotte *Adam Smith* (1723-1790), Begründer der klassischen Nationalökonomie, sei die Jagd auf einen Biber doppelt so zeitraubend gewesen, wie die auf einen Hirsch. Beim Biber könne sie zwei, beim Hirsch einen Tag gedauert haben. Mithin entsprach die Arbeitsmenge der Jagd auf einen Biber der Arbeitsmenge der Jagd auf zwei Hirsche.

Diesem Verhältnis entsprechend (ein Biber = zwei Hirsche) hätten die Jäger auch getauscht. Denn: "Es ist nur selbstverständlich, daß der übliche Ertrag der Arbeit von zwei Tagen doppelt soviel Wert sein sollte wie der übliche Ertrag eines Tages."
Weiter heißt es: Wenn wir also die verschiedenen Waren und ihre Preise vergleichen, rechnen wir in Wirklichkeit aus, wieviel "Mühe und Beschwerden" erforderlich waren, um sie zu erzeugen.

Der Ökonom folgerte: "Arbeit ist somit der letzte und wirkliche Maßstab, nach dem der Wert aller Waren zu allen Zeiten und an allen Orten gemessen und verglichen werden kann."[7]

Bestimmte noch bei handwerklicher Fertigung das Maß der menschlichen Arbeit automatisch den Wert eines Gutes, bildet bei der heutigen industriellen Produktion lediglich das Maß der echten Nutzenstiftung die entscheidende Wertbestimmung. Dieser Wandel ist begründet durch eine Änderung der Produktionsverfahren.

In der industriellen Produktion wird für anonyme Märkte gefertigt. Die Nachfrager orientieren sich beim Kauf von Produkten an ihren eigenen Wertvorstellungen und nicht mehr an der Quantität und Qualität des Inputs. Aus Verkäufermärkten, in welchen die Anbieter den Markt bestimmen, sind Käufermärkte geworden!

Dieser Wertbestimmungswandel wurde bereits im Jahre 1854 von *Heinrich Gossen* erkannt und publiziert. Er ist der Schöpfer der Grenznutzenlehre, welche die wissenschaftliche Basis für die Erkenntnis bildet, daß letzten Endes der Nutzen bzw. die Nutzenstiftung eines Gutes den Wert desselben bestimmt.

Er hat zwei Gesetze aufgestellt, die sogenannten "Gossen'schen Gesetze":

1.   Mit zunehmender Sättigung sinkt der Grenznutzen.

2.   Ein Konsument versucht seine Käufe so zu tätigen, daß der Grenznutzen für alle in einer Periode getätigten Käufe gleich ist. Damit ist auch der Gesamtnutzen gleich.

Die Grenznutzenlehre

Für den Platz irgendeines Gutes auf unserer Werteskala ist der Nutzen entscheidend, den das Gut in einer bestimmten Situation an einem bestimmten Ort erbringen kann. In der Wüste ist das Quantum des lebensnotwendigen Wassers wichtiger als in Mitteleuropa. Hier

---

7   P. H. Kösters: Ökonomen verändern die Welt, Hamburg 1982, S. 28.

werden mit der Menge Wasser, die in der Wüste noch jemanden vor dem Verdursten retten kann, Blumen gegossen. Daher mißt man hierzulande Wasser lediglich den Nutzen zu, den es für den Garten, die Autowäsche, etc. spendet. Niemand wäre bereit, für einen Liter Wasser denjenigen Preis zu bezahlen, den er als fast Verdurstender in der Wüste bezahlen würde.[8]

Je mehr uns von einem Gut mengenmäßig zur Verfügung steht, um so weniger wird es von uns geschätzt. Kinder, die über genügend Schokolade verfügen oder immer dann, wenn sie möchten, Schokolade bekommen, schätzen diese nicht mehr. Andere Kinder, die selten Schokolade essen dürfen, wissen die Süßigkeit zu schätzen, d.h. sie genießen diese mehr.

Haben wir großen Durst und kommen nach einer anstrengenden Wanderung an eine Quelle, so tut uns der erste Schluck sehr wohl. Wir trinken weiter, aber mit jedem Schluck wird unser Durst zunehmend gestillt. Schließlich hören wir auf zu trinken, waschen uns die Hände und das Gesicht, vielleicht auch noch die Füße. Danach legen wir uns nieder und rasten, während die Quelle munter weiter sprudelt. Diese beurteilen wir jedoch nicht mehr aus der Sicht eines Durstigen, sondern aus jener des mit Flüssigkeit Gesättigten.

Mit zunehmender Sättigung hat unser Bedürfnis nach Wasser abgenommen. Nun wird die Quelle nach derjenigen Nutzenkategorie beurteilt, die sie uns sonst noch stiften könnte, vielleicht um jemanden aus der Gruppe vollzuspritzen - wir gebrauchen das Wasser jetzt als Spaßmacher.

Der Nutzen von Wasser hat innerhalb einer Zeitspanne von wenigen Minuten für uns persönlich abgenommen, ja er ist sogar in der letzten Einheit (Vollspritzen) ein ganz anderer geworden. Diesen Nutzen nennt man **Grenznutzen**.

Die Fallgeschwindigkeit des Grenznutzens ist bei den einzelnen Gütern verschieden. Sie pflegt jedoch merkwürdigerweise umso höher

---

[8] Vgl. W. Röpke: Die Lehre von der Wirtschaft, Erlenbach-Zürich 1958, S. 22 ff.

zu sein, je lebenswichtiger ein Gut ist: die Fallgeschwindigkeit ist bei Wasser jedenfalls größer als bei Benzin!

Wenn die Fallgeschwindigkeit sehr groß ist, kann die Nutzenschwelle leicht negativ werden, denn die sprichwörtliche Unzufriedenheit des Landwirtes mit dem Wetter, dem es einmal zu viel regnet, das andere Mal zu wenig, ist ein Beweis dafür, daß das Wasser sich ebensosehr durch eine hohe Dringlichkeit des Bedarfs, wie durch eine hohe Fallgeschwindigkeit des Grenznutzens auszeichnet.

Güter mit hoher Fallgeschwindigkeit des Grenznutzens sind solche, die anfänglich einen sehr hohen Nutzen stiften, nach Sättigung aber für andere, niedere Nutzenstiftungsarten verwendet werden.
Beispielsweise:

- Wasser wird vom lebensrettenden Trank zum Waschmittel

- Salz wird vom lebenserhaltenden Mineral zum Wegesicherer (Streusalz)

- Getreide wird von lebensrettender Nahrung zum Futtermittel für Tiere.

Die hohe Fallgeschwindigkeit des Grenznutzens signalisiert uns, daß die Verwendungsbreite sehr weit gestreut ist. Am Anfang der Nutzen- oder Verwendungsskala steht eine sehr hohe Nutzenstiftung, die jedoch schnell abnimmt.

Güter mit hoher Fallgeschwindigkeit des Grenznutzens sind Güter, deren Bedarf weitgehend unelastisch ist, d.h. der Mensch benötigt dringend eine gewisse Menge Wasser oder Salz zum Leben; hat er aber die zur Sättigung ausreichende Menge, springt das Gut auf andere Nutzenschienen über: Wasser wird vom Getränk zum Waschmittel, dann zum Spaßmacher und schließlich zum Sportmedium.

Dagegen sind Güter mit geringer, bzw. keiner Fallgeschwindigkeit des Grenznutzens, wie z.B. Speiseeis, sehr bedarfselastisch. Ihr Anfangsnutzen ist zwar nicht sehr hoch, man kann sie aber zu den verschiedensten Anlässen verwenden. So besteht die Möglichkeit, Speiseeis nur zum Geburtstag, oder jeden Sonntag, dreimal die Woche, oder immer als Nachtisch anzubieten.

Denken Sie an Schallplatten: ihr lebenserhaltender Nutzen ist gleich Null, trotzdem kann man sie immer wieder hören, da der Grenznutzen fast nicht sinkt. Sie sind ein Beispiel für hohe Elastizität im Bedarf und geringer Fallgeschwindigkeit des Grenznutzens.

Während das oben zitierte erste Gossen'sche Gesetz nach dem bisher Gesagten verständlich sein dürfte, ist zum zweiten Gesetz noch einiges anzuführen. Stellen Sie sich vor, Sie wollen einen netten Abend verleben und haben dafür DM 50,- zur Verfügung. Sie werden dieses Geld nicht allein verwenden, um Bier zu trinken, sondern zwischendurch auch etwas essen und einen Teil davon sparen, um später mit dem Taxi nach Hause fahren zu können.

Oder Sie kaufen für eine Urlaubsreise ein, wobei Sie sich nicht nur passende Sportgeräte, sondern auch notwendige Kleidungsstücke und entsprechende Lektüre besorgen werden.

Wenn Sie eine Wohnung einrichten, dann kaufen Sie nicht nur ein Bett, sondern auch Stühle, Tische, Regale, etc. Das heißt, ein Gut steht in der Prioritätenliste vorn, aber nach Sättigung des Bedürfnisses durch dieses Gut wird durch den Kauf eines anderen Gutes ein entsprechend anderes Bedürfnis befriedigt.

Der Wechsel von einem Produkt zum anderen findet just dann statt, wenn der Grenznutzen, d.h. die angenommene, persönliche Sättigungsgrenze erreicht ist. Auf diese Weise wird schließlich der Grenznutzen aller beschafften Waren gleich.

"Da wir in einer solchen Welt des Mangels leben, stehen wir vor einer doppelten Aufgabe. Erstens müssen wir eine Auswahl der Bedürfnisse nach dem Grad ihrer Dringlichkeit und Wichtigkeit vornehmen. Da aber der Grenznutzen bei fortgesetzter Befriedigung sinkt, so müssen wir zweitens die Befriedigung eines Bedürfnisses an irgendeinem Punkte früher oder später abbrechen. Wir müssen also die begrenzten Mittel und die unbegrenzten Bedürfnisse fortgesetzt dadurch aufeinander abstimmen, daß wir eine *Auswahl* und eine *Begrenzung* der *Bedürfnisbefriedigung* vornehmen.
Nach welchem Gesichtspunkt gehen wir dabei vor? Nun, ohne Zweifel lassen wir uns davon leiten, daß das Grenznut-

zenniveau bei allen Arten der Befriedigung gleich hoch sein soll."[9]

Die Bedeutung des Marketing

Es wird immer wieder neue Märkte geben, da sich die Verhaltensweisen der Menschen in einem gewissen Rhythmus ändern. So entstehen wieder neue Bedürfnisse, d.h. Mangelerscheinungen, die noch auf Erfüllung warten.

Neue Bedürfnisse entstehen auch durch Erfindungen (inventions) und Anbieten technischer Neuerungen (innovations) sowie durch Veränderungen im Klima und in der Bodenstruktur.
Die unternehmerische Leistung besteht nun darin, die ungestillten Bedürfnisse zukunftsorientiert zu erkennen und gegen Entgelt zu befriedigen. Dabei muß das Entgelt die entstandenen Kosten decken und den Spürsinn, die Flexibilität, die gedankliche Vielfalt und den Einsatz des Unternehmers über eine Prämie (= Unternehmergewinn) belohnen.

Ein bestehendes Unternehmen ist daher immer so auszurichten, daß sein Leistungspotential echten Bedürfnissen - jetzt und in der Zukunft - gerecht wird. Dieses Ausrichten der Unternehmung auf die Erfüllung der gegenwärtigen und zukünftigen Bedürfnisse nennt man MARKETING.

Marketing bedeutet nicht einfach "das Verkaufen von Gütern" sondern das Schaffen einer Philosophie für die Leistungserstellung der Unternehmung. Es ist ein Denken und Agieren, ausgerichtet an den Bedürfnissen der Nachfrager.

Dies kann nur unter Berücksichtigung der langfristigen Trends in

- gesellschaftspolitischer,
- staatspolitischer und
- umweltpolitischer Hinsicht erfolgen.

---

[9]   W. Röpke: a.a.O., S. 30 f.

Die Aufgabe des Marketing im weitesten Sinn ist die Sicherstellung der Beschaffung aller für die Leistungserstellung notwendigen Produktionsfaktoren und Ressourcen.

Sind Überlegungen über Marktpotential und Marktvolumen durchgeführt, so versucht man durch Aufbau einer Marketing-Politik den für das Unternehmen anzustrebenden Marktanteil, welcher die Basis für die Erlösrealisierung ist, zu sichern.

Für das Erreichen und Sichern des gewünschten Marktanteils stehen dem Unternehmen die vier »absatzpolitischen Instrumente«

- Produktpolitik
- Kommunikationspolitik
- Vertriebspolitik
- Preispolitik

zur Verfügung.

Der Einsatz dieser absatzpolitischen Instrumente, die mit ihren Elementen in nachstehender Abbildung dargestellt werden, wird in der Lehre des Marketing verfeinert zur Gestaltung des MARKETING-MIX. Darunter versteht man den gemischten, abgestimmten Einsatz dieser Instrumente und ihrer Varianten mit dem Ziel der Optimierung des Markterfolges.

Das nachstehende Bild zeigt die absatzpolitischen Instrumente mit den zugehörigen Subinstrumenten in ihrer Vernetzung.

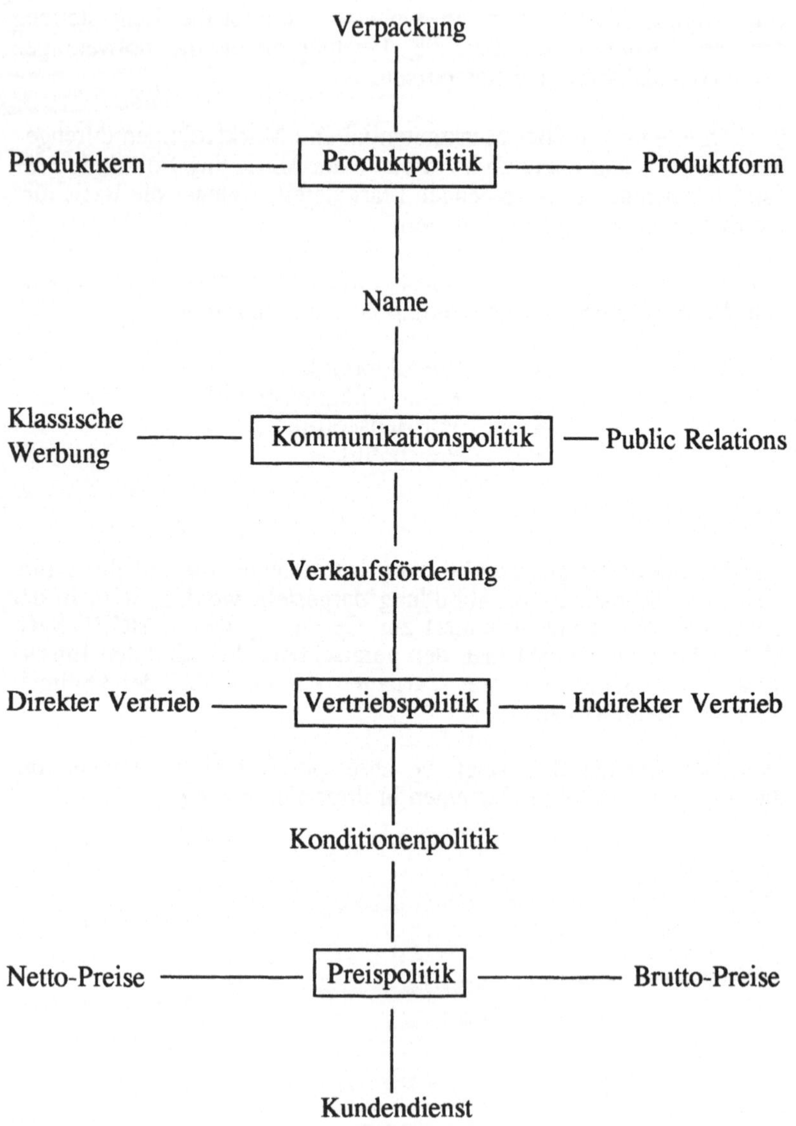

Verpackung
Produktkern
Produktpolitik
Produktform
Name
Klassische Werbung
Kommunikationspolitik
Public Relations
Verkaufsförderung
Direkter Vertrieb
Vertriebspolitik
Indirekter Vertrieb
Konditionenpolitik
Netto-Preise
Preispolitik
Brutto-Preise
Kundendienst

Markt und Marktformen

Der Markt ist der Ort, wo Angebot und Nachfrage zusammentreffen. Dies geschieht heute noch sehr anschaulich auf Wochenmärkten und Messen. Jeder Kaufladen, Supermarkt, Verbrauchermarkt, jedes Fachgeschäft stellt auch einen Markt, wie es teilweise schon der Name sagt, dar.

In den Betrieben des stationären Handels ist auch das Angebot stationär, d.h. "feststehend". Der Nachfrager besucht den Ort des Angebotes, den Kaufladen, und kauft etwas (tauscht etwas gegen Geld ein) oder auch nicht.

Auch die Praxen von Ärzten, Zahnärzten, Tierärzten, Rechtsanwälten, Maklern, Heiratsvermittlern, Steuer-, Unternehmens- und sonstigen Beratern sind Märkte im wirtschaftswissenschaftlichen Sinn, auch wenn sie nach unseren Gesetzen keine Gewerbebetriebe darstellen. Eine weitere Form von Märkten stellen die Schalterhallen von Banken, Sparkassen, Versicherungen und Reisebüros dar.

In unserer modernen, durch Kommunikationsmittel verbundenen Welt wirken oft verschiedene Märkte aufeinander ein. Dies gilt vor allem beim internationalen Devisen- und Wertpapierhandel.

Märkte strukturieren sich in Marktformen, unter welchen man die jeweils regional und/oder temporär gültige Struktur der Nachfrage- und Angebotsseite versteht. Der ideale Markt ist der perfekte (vollkommene) Markt!

Von einem vollkommenen Markt spricht man, wenn

- vollkommene Konkurrenz besteht,
- Gewinn- bzw. Nutzenmaximierung als Ziel gesetzt ist,
- vollständige Transparenz besteht,
- keine Präferenzen unter den Anbietern vorhanden sind.

Vollkommene Konkurrenz liegt vor, wenn Angebot und Nachfrage in einem ausgewogenen Verhältnis zueinander stehen. Im vollkommenen Markt müssen alle Unternehmer nach Gewinnmaximierung, alle Haushalte nach Nutzenmaximierung streben.

Vollständige Transparenz liegt vor, wenn alle Marktteilnehmer ohne zeitliche Verzögerung völlige Marktübersicht besitzen und somit Veränderungen sofort erfahren.

Das Fehlen von Präferenzen bedeutet, daß keine Bevorzugungen in persönlicher, sachlicher, örtlicher oder zeitlicher Hinsicht auftreten.

Sind die Voraussetzungen eines vollkommenen Marktes gegeben, so herrscht Preisgleichheit. Es leuchtet ein, daß ein vollkommener Markt nur in der Theorie vorkommt; daher spricht man, sobald nur ein einziges dieser Merkmale fehlt, von einem unvollkommenen Markt.
Bei einem unvollkommenen Markt, wie auch bei einem vollkommenen Markt können beide Seiten

- atomistisch oder polypolistisch
- oligopolistisch
- monopolistisch

strukturiert sein.

Die nachstehende Tabelle zeigt die möglichen Beziehungen zwischen Anbietern und Nachfragern.

NACHFRAGER ANBIETER	Polypol	Oligopol	Monopol
Polypol	A	B	C
Oligopol	D	E	F
Monopol	G	H	I

Die Beziehungen A, B und C zeigen Situationen, in denen viele Anbieter auf viele Nachfrager (A), wenige Nachfrager (B) und nur einen Nachfrager (C) treffen. D, E, F zeigen Beziehungen, in denen wenige Anbieter die Reihe durchgehen und bei G, H, I bietet schließlich ein einzelner an und trifft der Reihe nach auf viele, wenige und letztlich nur einen Nachfrager.

Das Polypol

Polypol bedeutet, daß viele handeln. So kann sich unter den Marktteilnehmern keine einheitliche Meinung bilden und daher herrschen ungeordnete Verhältnisse.

Das Oligopol

Oligopol bedeutet, daß das Marktgeschehen von wenigen gesteuert wird. Es kommt immer dann zustande, wenn der Markt so übersichtlich ist, daß die Mitglieder einer Gruppe kommunikativ so aufeinander einwirken können, daß sich eine einheitliche Meinung bilden und somit Marktmacht entstehen kann.

Das Monopol

Monopol bedeutet immer das Handeln von Einem. Diese Monopolstellung kann begründet sein durch ein Patent, eine Lizenz, einen Standort- oder sonstigen Vorteil. Der Monopolist ist in der Preispolitik dominant.

Folgende Beispiele sollen die einzelnen Beziehungen in der Grafik verdeutlichen:

A: Waren- oder Wertpapierbörse

B: Arbeitsmarkt für Ungelernte

C: Monopolaufkäufer von Heimarbeiten

D: Wochenmarkt

E: Zulieferindustrie

F: Monopolaufkäufer in der Fischerei

G: Autobahnraststätte

H: Patentinhaber

I: Patentinhaber und Monopolproduzent

<u>Leistungskontrolle:</u>

1. Was besagen die Gossen'schen Gesetze?
2. Erläutern Sie den Begriff Grenznutzen!
3. Was zeigt uns die Fallgeschwindigkeit des Grenznutzens?
4. Erklären Sie den Begriff Marktformen!
5. Gibt es auch Nachfragemonopole?
6. Welche Problematik besteht bei einem bilateralen Oligopol?
7. Welches absatzpolitische Instrument ist das wichtigste?
8. Zeigen Sie die Möglichkeiten der Kommunikationspolitik!
9. Was bedeutet "PR" ? Nennen Sie Beispiele!
10. Legen Sie die Unterschiede zwischen direkten und indirekten Vertriebsweg dar!
11. Warum ist die Preispolitik im Grunde kein echtes absatzpolitisches Instrument?
12. Erläutern Sie den Begriff Marketingmix!

Gibt es einen Zusammenhang zwischen Preisen und Kosten?

Ja, den gibt es natürlich! Aber er ist nicht so einfach, wie ihn sich »Otto Normalverbraucher« vorstellt, er ist viel komplizierter!

Decken die Umsätze nicht die Kosten, so hört das Unternehmen auf zu produzieren oder es wird aus dem Markt vertrieben, indem es bankrott geht. Diese Folge tritt natürlich nur ein, wenn das Unter nehmen keinen "Mäzen" hat, der es aus irgendwelchen Gründen unterstützt und weiter Geld zuschießt.

Meist spielt der Staat den Mäzen, indem er Subventionen verteilt oder der Unternehmer übernimmt diese Rolle selbst, weil er meint, sich am Markt behaupten zu müssen. Aber auch andere Kapitalgeber können die Lücke zwischen Umsätzen und Kosten "stopfen". Alle zusammen und jeder für sich machen das aus ganz bestimmten, eigennützigen Gründen, die oft nicht logisch nachvollziehbar sind!

Verschwindet ein Anbieter vom Markt, so führt das automatisch zu einer Verringerung des Angebotes. Dies hat zur Folge, daß die Preise für das im Angebot verknappte Produkt einen Spielraum zum Steigen haben. Auf diese Weise haben die noch im Markt verbleibenden Anbieter Chancen, ihre Preise zu heben und können damit auch einem höheren Kostenniveau Rechnung tragen.

Unter mehreren Unternehmen ist das am besten gestellt, welches in der Lage ist, zu den geringsten Kosten zu produzieren, da sich bei diesem der größte Unterschied zwischen Kosten und Umsätzen einstellt.

MERKE:

1. Der Preis der zu verkaufenden Güter ist keine Funktion der Kosten, sondern eine Resultante der Marktkräfte.

2. Die Kosten der Produkte sind das Ergebnis von Beschaffungspreisen und Produktionsorganisation, d.h. sie entwickeln sich aus dem Prozeß der Leistungserstellung!

3. Bei Mangelsituationen auf der Angebotsseite entsteht oft ein übersteigertes Bedürfnis nach den spärlich angebotenen Gütern, so daß die Nachfrager die Verkaufspreise hochtreiben, um das gewünschte Gut zu erhalten.

4. Bei Überflußsituationen entsteht auf der Anbieterseite die Neigung, durch Preissenkungen mehr Absatz zu erreichen. Dieser Prozeß kann sich zu einem ruinösen Wettbewerb ausweiten.

5.	Der Gleichgewichtspreis ist immer dann gegeben, wenn Nachfrage- und Angebotsmenge langfristig ausgeglichen sind.

Wir kommen daher zu folgender Aussage:

> Vordergründig besteht kein Zusammenhang zwischen Preisen und Kosten, da Preise ihre Ursachen in den Marktkräften haben. Die Kosten dagegen sind abhängig von den Beschaffungspreisen der Ressourcen und der ökonomischen Effizienz ihrer Kombination.
> Daher können Kosten steigen, **ohne** daß sofortige Preissteigerungen am Markt durchsetzbar sind. Dies kann zur Folge haben, daß die Grenzproduzenten ihre Produktion einstellen müssen, da die Verlustzone erreicht ist.
> Die so bedingte Verringerung der Produktion führt nun ihrerseits zu einer Verringerung des Angebots. So steigt bei gleichbleibender Nachfrage das Preisniveau.

Die Produktion

Träger der Produktion

> Produktion heißt durch Kombinieren von Produktionsfaktoren eine Leistung zu erstellen, die Menschen von Nutzen ist.

Jede Art von Produktion benötigt Produktionsfaktoren. Traditionell unterscheidet man drei Produktionsfaktoren: Arbeit, Boden und Kapital. Dabei ist zu beachten, daß diese sehr differenziert zum Einsatz kommen können:

Arbeit als

- Arbeitskraft von Menschen (körperlich und geistig),
- Arbeitskraft von Tieren.

Boden als

- Standort und Baugrund,

- landwirtschaftliche Nutzfläche,
- Abbauort für Mineralien.

Kapital als
- alle Arten von Werkzeugen und Maschinen,
- alle Gebäude und weitere Infrastrukturformen.

Das Kapital ist kein originärer (= ursprünglicher), sondern ein derivativer (= abgeleiteter) Produktionsfaktor, d.h. Kapital wird aus anderen Produktionsfaktoren durch Menschenhand und menschlichen Geist gebildet. Auf diese Weise ist Kapital eng mit der Geschichte der Menschheit verbunden und gilt als ein Ergebnis der »Industriellen Revolution«.[10]

Neben diesen Produktionsfaktoren, die direkt eingesetzt werden, beanspruchen Produktionsprozesse auch Güter, die man bis in die siebziger Jahre dieses Jahrhunderts als "freie" Güter bezeichnete. Vor allem Wasser und Luft galten früher als unerschöpfliche Ressourcen, die bedenkenlos verbraucht wurden.

Heute hat man erkannt, daß diese Güter nicht mehr "frei" sind, da sie sich nicht so schnell und vollkommen regenerieren können. Es entsteht daher das Problem, Produktionsverfahren darauf auszurichten, daß die Umwelt nicht weiter gefährdet wird.

Die industrielle Revolution hat die Welt in der Weise verändert, daß sie die Arbeitskraft von Tieren und Menschen durch fossile Energien substituierte. Die in Jahrmillionen gespeicherte Sonnenenergie kann erstmals in der Menschheitsgeschichte als »Energie-Kapital« der Erde genutzt werden. Bis zur Erfindung der Dampfmaschine unterliegen Erzeugung und Verbrauch biologischen Gesetzen. Jeder zusätzliche Arbeiter und jedes zusätzliche Lasttier bedeuten zusätzliche Esser. Nun aber wird durch Kohle und Erdöl Energie gewonnen, ohne gleichzeitig die Zahl der Verbraucher zu steigern.[11]
Heute sind nicht nur die fossilen Energien wichtige Träger moderner Produktion, sondern auch Kernenergie und regenerative Energien

---

10   Vgl. A. Zischka: Die alles treibende Kraft, Heidelberg 1988, S. 136 ff.

11   ebenda

(Wasser-, Wind- und Solarenergie). Daher sind alle zum Einsatz kommenden Energieformen auch Produktionsfaktoren.

Fassen wir zusammen:

Zur Leistungserstellung benötigen wir:

a)   aktive Produktionsfaktoren.

Die aktiven Produktionsfaktoren werden vom Unternehmen direkt beschafft und gehen in die Kostenrechnung der Unternehmung ein. Sie können allerdings auch in Form von Infrastrukturinvestitionen vom Staat bereitgestellt werden; dann werden sie über Steuern und Abgaben finanziert.

b)   passive Produktionsfaktoren.

Die passiven Produktionsfaktoren sind für die Produktion zwar notwendig (schließlich kann nicht im luftleeren Raum produziert werden, ferner haben Luft und Wasser oft Servicefunktionen wie Kühlung u.ä.), sie müssen aber vom Unternehmen nicht immer gezielt beschafft werden, da sie ohnehin vorhanden sind. Sie sind elementarer Bestandteil unserer Umwelt. Ihre Schonung ist Ziel der Umweltpolitik.

Der Terminus für alle Produktionsfaktoren heißt:

Ressourcen!

Die Optimierung der Produktion

Optimierung der Produktion bedeutet Realisierung des ökonomischen Prinzips. Schon sehr früh hatte man sich innerhalb der Landwirtschaft über die Verbesserung der Ertragskraft von Böden Gedanken gemacht.

Der Hooksieler *Johann Heinrich von Thünen* hat festgestellt, "daß der Landbau konsequent, d.h. mit dem Ziel, einen maximalen Reinertrag zu erwirtschaften, betrieben wird. Er stellt den Reinertrag als mathematische Funktion der relevanten Einflußfaktoren[1] dar und fragt, welche Höhe diese Faktoren haben müssen, wenn der maximale Reinertrag erreicht werden soll."[12]

Das Ertragsgesetz wurde von ihm bestätigt. "Immer wird der [...] erlangte Mehrertrag durch einen Aufwand von Kapital und Arbeit erkauft, und es muß einen Punkt geben, wo der Wert des Mehrertrags dem Mehraufwand gleich wird - und dies ist zugleich der Punkt, bei welchem das Maximum des Reinertrags stattfindet."[13]

Das Ertragsgesetz

Das aus der Landwirtschaft abgeleitete "Gesetz vom abnehmenden Ertragszuwachs" wurde in die BWL als "Ertragsgesetz" übernommen und lautet:

> Werden steigende Mengen eines variablen Faktors mit einem konstanten Faktor kombiniert, so zeigt sich zunächst ein zunehmender Ertragszuwachs (Grenzertrag), d.h. der Gesamtertrag steigt progressiv, da das Wirkungsverhältnis des konstanten und des variablen Faktors immer günstiger wird.

> Später erreicht der Ertragszuwachs ein Maximum, um schließlich danach abzunehmen, d.h. der Gesamtertrag steigt zwar weiterhin absolut, jedoch mit sinkender Zuwachsrate. Wird der Ertragszuwachs (Grenzertrag) gleich Null, so hat der Gesamtertrag sein Maximum erreicht; wird der Grenzertrag negativ, so sinkt der Gesamtertrag absolut.

Dieses Gesetz beruht auf folgenden Voraussetzungen:

1. Ein konstanter und ein variabler Produktionsfaktor werden in der Weise kombiniert, daß steigende Mengeneinheiten des

---

12 H. C. Recktenwald: Geschichte der politischen Ökonomie, Stuttgart 1971, S. 206.

13 ebenda

variablen Faktors (z.B. Arbeiter) für den konstanten Faktor (z.B. Acker) aufgewendet werden.

2. Der variable Produktionsfaktor ist völlig homogen, d.h. alle Einheiten sind von gleicher Qualität und gegenseitig austauschbar.

3. Der variable Produktionsfaktor ist beliebig teilbar.

4. Die Produktionstechnik ist unveränderlich.

5. Es wird nur eine Produktart erzeugt.[14]

Die Produktionsfunktion

Eine Produktionsfunktion beschreibt formal den Zusammenhang zwischen dem mengenmäßigen Ertrag und den für die Erstellung dieses Ertrages eingesetzten Produktionsfaktormengen. Das Ertragsgesetz ist daher eine Produktionsfunktion und beinhaltet Aussagen über Produktivitätsbeziehungen.

Nachstehende Tabelle soll als Beispiel für eine einfache Produktionsfunktion dienen. Es wird von der Annahme ausgegangen, daß eine Zahl von Arbeitern (variabler Produktionsfaktor) einen Acker (konstanter Produktionsfaktor) bestellen und die Ernte (Totalertrag) in Mengeneinheiten gemessen wird.

Der Grenzertrag ist der jeweilige Mehrertrag, den eine zusätzliche Arbeitskraft erwirtschaftet.

Der Durchschnittsertrag ist die Leistung je beschäftigter Arbeitskraft.

---

[14] Vgl. G. Wöhe: BWL, a.a.O., S. 477 ff.

Arbeiter	Totalertrag	Grenzertrag	ø-Etrag
1	100	---	100
2	220	120	110
3	350	130	117
4	490	140	122,5
5	640	150	128
6	786	146	131
7	931	145	133
8	1074	143	134,25
9	1214	140	134,89
10	1349	135	134,9
11	1477	128	134,27
12	1595	118	132,92
13	1695	100	130,38
14	1760	65	125,71
15	1790	30	119,33
16	1790	0	111,88
17	1785	-5	105
18	1773	-12	98,5
19	1755	-18	92,32
20	1725	-30	86,25

Zur Systematik der Tabelle:

- Bis zu 5 Arbeitern steigen die Grenzerträge.

- Bis zu 10 Arbeitern fallen die Grenzerträge, aber die Durchschnittserträge steigen noch.

- Bis zu 15/16 Arbeitern sinken die Grenz- und Durchschnittserträge, aber die Totalerträge steigen noch.

- Ab 17 Arbeitern sinken alle Erträge.

Die Produktion im modernen Industriezeitalter

Absatz und Produktion bilden zusammen die Leistungsseite einer Betriebswirtschaft.

In den zentralen Planwirtschaften ist die Absatzseite verkümmert. Dort bildet die Produktion das Rückgrat einer Betriebswirtschaft. Marketing findet nicht statt, die produzierten Güter werden lediglich verteilt.

In marktorientierten Unternehmen ist die Produktion dem Marketing nachgeordnet. Das bedeutet, daß nur solche Produkte hergestellt werden, die vom Markt zu rentablen Preisen aufgenommen werden können. Der Markt übernimmt hier die Steuerung der Produktion.

Wenn die Produktion dem Marketing nachgeordnet ist, so muß sorgfältig geprüft werden, ob überhaupt produziert werden soll. Vielfach gibt es in unseren hoch organisierten, arbeitsteiligen Volkswirtschaften auch Möglichkeiten, die zu vermarktenden Produkte von fremden Unternehmen und Betrieben herstellen zu lassen oder sie gar halbfertig oder fertig zu kaufen. Im letzteren Fall wäre man dann eben nur noch Händler; dies sollte aber den unternehmerischen Elan nicht mindern.

Die Wahl der Produktionsstandorte und -verfahren sollte daher erst nach Klärung zweier Problemkreise erfolgen.

I.   Klärung, ob Produktion stattfinden soll.

II.   Klärung, wie Produktion stattfinden soll.

Diese Problemkreise sollen nun näher betrachtet werden:

I.   Klärung von Problemen, deren Ursprung nicht unmittelbar im Leistungserstellungsbereich selbst liegt, um zu entscheiden, ob überhaupt produziert werden soll.

    1.   Klare Marketing-Ziele ergeben klare Produktions-Ziele!

2.   Klärung der Produktionstiefe!
        Erörterung der Frage, ob Eigen-, Fremdproduktion
        oder Zukauf von Teilfabrikaten stattfinden soll.

3.   Klärung bzw. Schaffung der notwendigen sachlichen
        und juristischen Voraussetzungen, für:
        a) Standort,
        b) Investitionen,
        c) Auflagen und Genehmigungen.

Die Wahl des Standortes ist für die Kostenpolitik der
Unternehmung von entscheidender Bedeutung. Nach
einer Untersuchung der PROGNOS AG bestimmen
Qualifikation und Kosten (also auch Löhne) zusammen
nur 40% des Gewichts von Standortentscheidungen;
35% werden durch den politischen Ordnungsrahmen
und die bestehende Verwaltung bestimmt, während die
vorhandene Infrastruktur mit 25% Gewicht Produktionsstandorte bestimmt.[15]

Es geht darum, einen Standort zu finden, der einer-
seits verkehrs- und kommunikationspolitisch so gele-
gen ist, daß man flexibel auf Marktchancen reagieren
kann, sich aber andererseits an einem Kostenoptimum
orientiert. Die Verfügbarkeit von Ressourcen und
Komplementärindustrien sind weitere Parameter in der
Standortbestimmung.

Die richtige Investitionspolitik orientiert sich an den
vom Markt geforderten Quantitäten und Qualitäten,
sowie an den für maximale Produktivität notwendigen
technischen Standards der zum Einsatz kommenden
Produktionsmittel.

Auflagen und Genehmigungen sind eng mit Standort-
politik verbunden. Im Rahmen der Umweltschutzpoli-
tik sind auch Auflagen der Behörden wichtige Ent-
scheidungskriterien für Investitionen. Das Beschaffen

---

[15]   Vgl. K. v. Dohnanyi: Das deutsche Wagnis, München 1990,
        abgedruckt in: SPIEGEL 40/90, S. 174.

notwendiger Patente und Lizenzen ist ebenfalls im Vorfeld gründlich zu klären.

II. Klärung von Problemen, welche die Produktion in der Unternehmung direkt betreffen. Genauer gesagt, es geht um das Durchdenken des Produktionsablaufes.

1. Produktionsplanung

Aus der Absatzplanung muß die Produktionsplanung entwickelt werden.

Die Produktionsziele müssen in Sub-Ziele aufgegliedert und für diese müssen wiederum neue Pläne ausgearbeitet werden, die natürlich den Gesamtplan nicht verfälschen dürfen.

Dies alles hat zu geschehen unter Beachtung
- des ökonomischen Prinzips,
- der vorhandenen Produktionsfaktoren,
- der gewünschten Qualitäten,
- der geforderten Termine.

2. Beschaffung der Produktionsfaktoren

Die Beschaffung der Produktionsfaktoren ist der Beginn des eigentlichen Produktionsprozesses. Der verantwortliche Manager beginnt mit dem Engpaßsektor und plant simultan den Bedarf an anderen Produktionsfaktoren. Natürlich kann die Beschaffung an Spezialabteilungen wie die Personalabteilung delegiert werden, bzw. diese kann auch schon vorauseilend tätig werden. Vor einem disharmonischen Prozeß muß allerdings gewarnt werden.

Weitere Spezialbereiche, die besonders organisiert sein können sind:

Materialwirtschaft.
Hierunter versteht man Beschaffung und Lagerung aller für den Produktionsprozeß notwendigen Materialien, Halbfertigprodukte und Fertigprodukte.

Arbeitswissenschaft, technische Organisation oder Arbeitsvorbereitung.
Hier werden Überlegungen angestellt und Konzepte erarbeitet, wie die optimale Mensch-Maschinen-Kombination zu gestalten ist. Diese Abteilung leistet auch die Detailarbeit für Investitionsrechnungen.

Energiewirtschaft.
Hier geht es um die ökonomische Beschaffung und den umweltfreundlichen Einsatz von Energie.

3.   Optimale Kombination der Produktionsfaktoren

Der Einsatz und die optimale Kombination der Produktionsfaktoren ist das Kernstück der Produktionswirtschaft.

Es kommt darauf an, den im Sinne des Produktionszieles maximal möglichen und zugleich besten Ertrag aus den verfügbaren Produktionsfaktoren herauszuholen. Dies bedingt ein großes "Know-how" über psychische und physische Belastbarkeit der arbeitenden Menschen, sowie ergonomische Arbeitsplatzgestaltung durch Einsatz der richtigen Werkzeuge und Instrumente.

Bei der Kombination der Produktionsfaktoren muß das wirtschaftliche Prinzip differenziert angewandt werden. Hier kann der Wirtschaftsingenieur sinnvolle Arbeit leisten, da er in der Lage ist, technische Prozesse im Hinblick auf ein gesetztes Ziel nach ökonomischen Gesichtspunkten zu analysieren. Der reine Betriebswirt versteht selten die Effizienz von technischen Prozessen. Der reine Ingenieur ist meist nicht in der Lage, die Kosten und wirtschaftlichen Konsequenzen eines technischen Prozesses zu bestimmen.

Die Steigerung des Einsatzes eines Produktionsfaktors ist daran zu messen, ob die Mehrkosten (Grenzkosten), die er verursacht, entweder zu einen höheren Ertrag führen oder zu einer Kostensenkung bei anderen Produktionsfaktoren.

$$GK \ < \ GE \text{ oder } KE$$

GK = Grenzkosten, GE= Grenzerlös,
KE = Kosteneinsparung.

Die Frage, welches die optimale Kombination der Produktionsfaktoren im Betrieb ist, läßt sich nur lösen, wenn der produktive Beitrag jedes einzelnen Faktors zum Gesamtertrag ermittelt werden kann.

4. Bestimmung des Produktivitätsbeitrags

Die genaue Bestimmung des Produktivitätsbeitrages jedes einzelnen Faktors ist von ausschlaggebender Bedeutung für die Optimierung der Produktion. Generalisierend gibt es für die Bestimmung des Produktivitätsbeitrages folgende Hilfestellung:

a) Prüfe, wie hoch der veränderbare (disponible) Anteil an einem Produktionsfaktor ist. Meistens verspricht ein hoher disponibler Anteil auch einen hohen Produktivitätsbeitrag. Eine unterschiedliche Entlohnung pro Mitarbeiter wird oft durch einen unterschiedlichen Produktivitätsbeitrag begründet.

b) Die Höhe des Produktivitätsbeitrages wird von den zu Beurteilenden sehr oft zu subjektiv dargestellt. Um in der Beurteilung mehr Objektivität zu gewinnen, ist es sinnvoll, das Produktionspotential bezüglich der Zielsetzung zu analysieren.

c)   Sehr oft spielt in der industriellen Fertigung die Kombination der Werkstoffe eine wichtige Rolle. Bevor man über die Zusammensetzung der Werkstoffe entscheidet, ist es notwendig, die Produktivitätsbeiträge der einzelnen Komponenten so genau wie möglich festzustellen und in Relation zu deren Beschaffungskosten zu setzen.

Beispiel:

Änderung des Einsatzes von Produktionsfaktoren in der Fischindustrie:

In einem Fischindustriebetrieb sollten aus Kabeljaufilet mit Gräten Fischstäbchen ohne Gräten produziert werden. Zu diesem Zweck war es notwendig, die Gräten aus dem Filet herauszuschneiden. Lange Zeit versuchte man, über Arbeitsplatzgestaltung und Akkordlohn den Ausstoß an grätenfreien Filets zu steigern, indem man die Arbeitsleistung der "Schneider" steigerte.

Dann kam ein Wirtschaftsingenieur in den Betrieb. Er studierte die Beschaffungspreise für die Rohware und die Löhne, mit dem Ergebnis, daß nicht die Erhöhung der Schneideleistung die Produktivität steigert, sondern eine bessere Ausbeute der Rohware.

Hier das Beispiel in Zahlen:

INPUT		OUTPUT	
Rohstoff	**Arbeit**	**Endprodukt**	
3,- DM/kg	3,80 DM/Std	4,- DM/kg	Preis x
1.080 kg	200 Std	1.000 kg	Menge =
3.240,- DM	760,- DM	4.000,- DM	Kosten

Alternatives Produktionsverfahren (Einstandspreise und Stundensätze unverändert):

INPUT		OUTPUT	
Rohstoff	**Arbeit**	**Endprodukt**	
1.040 kg	210 Std	1.000 kg	Menge (neu)
3.120,- DM	798,- DM	3.918,- DM	Kosten (neu)

Durch Veränderung des Produktionsverfahrens senkt man die Kosten um DM 82,- auf DM 3.918,- !

Eine Kombination von Produktionsfaktoren liefert zunächst nur einen bestimmten Gesamtertrag. Man muß aber wissen, welchen Anteil am Gesamtertrag jeder Faktor hat, um überprüfen zu können, ob es zweckmäßig ist, einige Einheiten des einen Faktors durch einige Einheiten des anderen Faktors zu ersetzen.

<u>Leistungskontrolle:</u>

1. Nennen Sie die Träger der Produktion!
2. Was ist bei der Kombination von Produktionsfaktoren zu beachten?
3. Das Erreichen des Produktionsziels ist von verschiedenen Faktoren abhängig. Nennen und erläutern sie diese Faktoren!

Die Kosten der Unternehmung

Kosten sind bewerteter Verzehr von Gütern und Leistungen. Dies ist in der BWL die klassische Definition für Kosten. Ihre Entstehung und Höhe wird bestimmt von der Qualität menschlicher Entscheidungsprozessse. Bedingt durch die Verhaltensweisen der am Produktionsprozeß Beteiligten entstehen oder verschwinden Kosten praktisch zu jedem Zeitpunkt.

Kosten entstehen jedoch nicht nur im Produktionsprozeß, sondern überall dort, wo Leistungen erstellt werden und Nutzen verloren geht. Im letzteren Fall spricht man von Opportunitätskosten (opportunity cost).

Ein Beispiel aus dem Studentenleben möge dies verdeutlichen. Nehmen wir den Faktor Zeit im Studium. Um dem Inhalt einer Vorlesung folgen zu können, ist es notwendig, sich vorzubereiten. Präpariert sich nun ein Student, anstatt für fünf verschiedene Lehrveranstaltungen nur für eine sehr intensiv, so ist dies sicherlich vorteilhaft für das Folgen der einen Vorlesung, aber es geht "auf Kosten" der anderen. Der einen Vorlesung kann er bestens folgen, jedoch können in den anderen Verständnisschwierigkeiten auftreten.

An diesem kleinen Beispiel soll dargestellt werden, wie über die Optimierung von Entscheidungsprozessen kostengünstige oder -ungünstige Situationen geschaffen werden. Denn es ist einsehbar, daß durch gleichmäßiges Vorbereiten aller Lehrveranstaltungen der Studienprozeß ökonomischer gestaltet wird als durch intensives Vorbereiten nur eines Studienfaches.

Auch die Kosten in der Unternehmung sind abhängig von den Entscheidungen der dort tätigen Menschen. Organisation, Kommunikation und Motivation der Chefs, Meister, Vorarbeiter und Arbeiter sind weitgehend bestimmend für die Höhe der Kosten in der Unternehmung. Aber die menschliche Komponente ist nicht allein wirksam, es sind mehrere. Wir wollen sie im nächsten Kapitel näher betrachten.

Bestimmungsgründe der Kosten

Es ist zu untersuchen, wie Rahmenbedingungen aussehen müssen, damit eine gesunde Ausgangsbasis für eine Minimierung von Kosten geschaffen werden kann.

Kostenpolitische Rahmenbedingungen werden von einigen wichtigen Gegebenheiten geschaffen, die in der Folge aufgeführt und kurz erläutert werden.

1. Die Leistungsfähigkeit der vorhandenen Volkswirtschaft

   Die Entwicklung und mit ihr die Leistungsfähigkeit einer Volkswirtschaft sind für die Bestimmung der Kosten der Unternehmung von entscheidender Bedeutung. Dort, wo die Unternehmung arbeitet, partizipiert sie von dem Fluidum der gesamten Infrastruktur, dem Vorhandensein der Ressourcen, der gesamten Wirtschafts- und Rechtsordnung, der Intelligenz und den sozialen Verhaltensweisen der ansässigen Bevölkerung. Das Vorhandensein von Komplementärindustrien sowie eine zentrale Verkehrslage vergrößern die Kostenvorteile.

2. Die Fähigkeit des Managements

   Die Fähigkeit des Managements, sein Kostenbewußtsein und seine Durchsetzungskraft bei Kostensenkungsmaßnahmen sind von elementarer Bedeutung für die Kostenpolitik der Unternehmung.

   Die richtige Planung und Organisation des Leistungsprozesses entscheidet grundlegend über die Kosten der Unternehmung. Aber auch eine zukunftsorientierte Investitionspolitik hilft Kosten zu sparen. Eine gesunde Einstellung zum Risiko ist unabdingbar. Schließlich hilft eine zielorientierte Forschung und Entwicklung, die Rentabilität zu steigern.

3.   Die Quantität und Qualität der für die Unternehmensziele notwendigen Produktionsfaktoren.

Die Beschaffungspreise der Produktionsfaktoren und die Lieferbedingungen sind ein weiterer essentieller Bestimmungsfaktor für die Kosten der Unternehmung.

Die Quantität und die Qualität der für die Unternehmensziele notwendigen Produktionsfaktoren müssen von dem verantwortlichen Manager analysiert und bestimmt werden. Er geht bei dieser Analyse vom fertigen Produkt aus und beschreibt alle für dieses Produkt notwendigen Produktionsfaktoren. In einem zweiten Schritt müssen die Produktionsfaktoren auf die Losgröße[16] der Produktion hochgerechnet werden.

4.   Die Beschäftigung der für das Unternehmen richtigen Leute und die Schaffung eines freundlichen Betriebsklimas

Von den Personalverträgen bis hin zur Gestaltung der Räume und Arbeitsplätze muß alles stimmen. Zufriedene Mitarbeiter sparen Kosten. Training und Schulung müssen regelmäßig stattfinden und das Lohn- und Gehaltsniveau sollte besser als durchschnittlich sein. Bei durchschnittlicher Bezahlung können keine Spitzenleistungen erwartet werden. Ein leistungsorientiertes Incentive-System sollte für weitere Motivationsschübe bereitstehen.

5.   Belastungen, die durch die bestehende Gesellschafts- und Rechtsordnung bestimmt werden

Hierzu zählen das gesamte Steuersystem, sowie die Abgaben für soziale Leistungen und Umwelt. Auch die Stellung der Gewerkschaften und das Anspruchsdenken eines Wohlfahrtsstaates bestimmen die Kostenpolitik der Unternehmung mit.

Es ist ein Fehlschluß zu glauben, daß in Volkswirtschaften

---

16   Produzierte Menge je Produktionszyklus

ohne staatlich durchorganisierte Steuer-, Abgabesysteme und Wohlfahrtseinrichtungen den Unternehmen wenig oder überhaupt keine sozialen Kosten entstehen. Meist müssen sie in Form von »nützlichen Abgaben« und ähnlichem an private Personen oder Verbände entrichtet werden, um die Unternehmen zu ihren Zielen führen zu können.

Die Einteilung der Kosten

Kosten werden nach folgenden Kriterien eingeteilt:

1. Nach Art der verbrauchten Produktionsfaktoren.

   ♦ Anlagekosten

   Anlagekosten sind alle Kosten, die durch den Betrieb einer Anlage entstehen. Dies sind vor allem: Abschreibungen, Energieverzehr, Wartungs- und Reparaturkosten.

   ♦ Materialkosten

   Materialkosten sind die bewerteten Mengen an verbrauchten Roh-, Hilfs- und Betriebsstoffen.

   ♦ Arbeitskosten - Personalkosten.

   Personalkosten sind alle Kosten, die durch den Produktionsfaktor Arbeit entstehen. Die wichtigsten Arten der Personalkosten sind: Löhne und Gehälter, gesetzliche Sozialabgaben (Arbeitgeberanteile) und freiwillige Sozialleistungen.

   ♦ Kapitalkosten

   Kapitalkosten sind alle Kosten, die durch Aufnahme und Inanspruchnahme von Fremdkapital entstehen

2. Nach Art der Verrechnung

    ♦ Einzelkosten (direkte Kosten)

Sie sind Kosten, die aufgrund ihrer Verursachung eindeutig einem Kostenträger zugerechnet werden können, z.B. Materialkosten.

    ♦ Gemeinkosten (indirekte Kosten)

Sie sind Kosten, die in ihrer Verursachung nicht eindeutig einem bestimmten Kostenträger zurechenbar sind, z.B. Kosten für Nachtwächter und Geschäftsführung.

3. Nach Art der Erfassung

    ♦ Aufwandsgleiche Kostenarten

Sie sind für die Kostenrechnung aus der Finanzbuchhaltung zu entnehmen und machen den größten Teil aller Kostenarten aus.

    ♦ Kalkulatorische Kostenarten

Sie stellen Kosten dar, die in der Finanzbuchhaltung überhaupt nicht oder in anderer Höhe verrechnet werden, z.B. Unternehmerlohn und kalkulatorische Zinsen.

4. Nach dem Verhalten bei Beschäftigungsänderungen

    ♦ Fixe Kosten

Das sind alle Kosten, die unabhängig von der Ausbringungsmenge anfallen und die Betriebsbereitschaft garantieren

♦ Variable Kosten

Das sind alle Kosten, die abhängig von der Ausbringungsmenge sind. Sie lassen sich untergliedern in:

- proportionale Kosten, d.h. sie steigen/fallen im gleichen
  Verhältnis wie die Ausbringungsmenge.
- progressive Kosten, d.h. sie steigen bei Erhöhung der
  Ausbringungsmenge schneller als diese.
- degressive Kosten, d.h. sie steigen bei Erhöhung der
  Ausbringungsmenge langsamer als diese.
- regressive Kosten, d.h. sie fallen bei Erhöhung der Ausbringungsmenge.

Diese Aufzählung der Einteilung der Kosten mag für den Anfänger
verwirrend wirken. Wir wollen versuchen, den Sachverhalt klarer zu
machen.

1) Die Einteilung nach Art der verbrauchten Produktionsfaktoren
   nennt man in der BWL "Kostenartenrechnung". Hier werden alle
   Materialien, Löhne, Mieten, Telefon- und Energiekosten, Versi-
   cherungsprämien u.s.w., erfaßt. Es geht hier schlicht und einfach
   um eine Rechnung, in der festgehalten wird, wofür Geld ausgegeben wurde, genau wie die Hausfrau oder der Student sich auf-
   schreibt, wofür sie/er sein Geld ausgegeben hat.

2) Die Einteilung nach der Verrechnung ist schon etwas schwieri-
   ger. Hier werden die Kosten dahingehend untersucht, ob sie bezüglich ihrer Verursachung eindeutig einem Produkt zurechenbar
   sind. Sind sie das, wie z. B. der Lederverbrauch bei der
   Schuhproduktion, so spricht man von »direkt zurechenbaren«
   Kosten oder einfach direkten Kosten. Auch der Ausdruck
   "Einzelkosten" findet Verwendung.

Im Unternehmen gibt es aber nicht nur direkte Kosten, sondern auch Kosten, die auf Grund ihrer Verursachung nicht eindeutig einem Produkt oder Kostenträger zurechenbar sind. Denken Sie an die Kantine in einem Betrieb. Diese wird zwar von den meisten der dort Beschäftigten genutzt, ihre Leistungen kommen allen Beschäftigten, die verschiedene Produkte herstellen, zugute, aber die Kosten sind eben nicht einem Produkt eindeutig zurechenbar. Zugegeben, über ein kompliziertes Kostenumlageverfahren wäre es möglich, gewisse Kostenträgerschaften zuzuteilen, aber genau und objektiv wäre dies nicht. Derartige Kosten sind "Gemeinkosten" oder »nicht direkt zurechenbare Kosten«, eben indirekte Kosten.

3) Die Einteilung der Kosten nach Art der Erfassung geht von dem in der BWL bestehenden Unterschied von Aufwand und Kosten aus.

> "Als Aufwand bezeichnet man die Verminderung des Nettovermögens, also den in der Finanzbuchhaltung erfaßten Wertverzehr (Wertverbrauch) einer Abrechnungsperiode...Der Teil des in einer Periode eingetretenen Wertverzehrs, der bei der Erstellung der Betriebsleistungen angefallen ist, stellt Kosten dar."[17]

Wir lesen, daß die Begriffe Aufwand und Kosten betriebswirtschaftlich nicht deckungsgleich sind. Bei *Wöhe* wird dies graphisch so dargestellt:

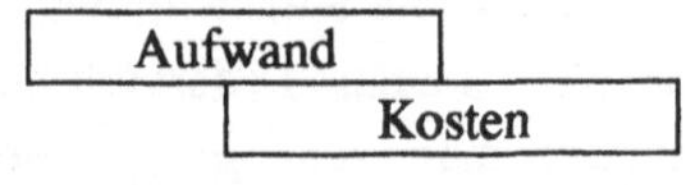

---

[17]   G. Wöhe: BWL, 17. Aufl., S. 974 f.

Es gibt Aufwendungen, die keine Kosten sind. Das sind nach *Schmalenbach* neutrale Aufwendungen; sie haben mit dem aktuellen Betriebsgeschehen nichts zu tun und sind entweder betriebsfremd wie z.B. eine Spende an Behinderte, außerordentlich wie z.B. Katastrophenschäden oder periodenfremd. In diesem Fall gehören sie zwar sachlich zum Betriebsgeschehen aber nicht zu der aktuellen Abrechnungsperiode.

Außerdem gibt es Kosten, die keine Aufwendungen sind, weil sie zwar eine betriebswirtschaftliche Berechtigung haben, wie z.B. kalkulierte Eigenkapitalzinsen, aber zu keinem Vermögensabfluß führen, da Zinsen für Eigenkapital eben nicht gezahlt werden müssen. Werden nun Kosten geltend gemacht, die nicht in der Buchhaltung aufgeführt werden, so nennt man sie kalkulatorische Kosten. Das ist der Grund, warum in vorhergehender Aufstellung darauf besonders eingegangen wurde.

4) Die Einteilung der Kosten nach dem Verhalten bei Beschäftigungsänderungen.
Diese Betrachtung war in der Vergangenheit sehr wichtig und führte auch oft zu falschen Entscheidungen, weil die für diese Praxis notwendigen Marktchancen überschätzt wurden. Es geht hier darum, durch Veränderung der Ausbringungsmenge Kosten zu beeinflussen.

Wir wollen diese Betrachtung einmal an einem einfachen Beispiel darstellen.

Ein Fabrikant von Fahrrädern verkauft 60.000 Fahrräder. Der Netto-Verkaufspreis beträgt pro Fahrrad DM 500,-.

Die Einzelkosten oder direkten Kosten pro Fahrrad, meist sind dies variable Kosten, betragen DM 320,-. Die

Gemeinkosten oder indirekten Kosten, diese sind in der Regel identisch mit den zum Fahrradgeschäft notwendigen fixen Kosten, betragen DM 10 Mio. Wie groß ist der Gewinn?

variable Kosten	19.200.000,- DM
fixe Kosten	10.000.000,- DM
Gesamtkosten	29.200.000,- DM
Umsatz	30.000.000,- DM
Gewinn	800.000,- DM

Beträgt die Produktionsmenge 80.000 und kann diese Menge auch für DM 500,- pro Fahrrad verkauft werden, so sieht die Rechnung wie folgt aus:

variable Kosten	25.600.000,- DM
fixe Kosten	10.000.000,- DM
Gesamtkosten	35.600.000,- DM
Umsatz	40.000.000,- DM
Gewinn	4.400.000,- DM

Wir sehen, bei Erhöhung der Ausbringungsmenge um 20.000 Fahrräder erhöht sich der Gewinn um DM 3.600.000,-.
Dieses Phänomen wurde als Fixkostendegression in der BWL bekannt und fand viele Anwender. Man kann sich leicht »reich rechnen«, nur vergißt man dabei oft, die Marktchancen realistisch einzuschätzen. Jedes Prozent mehr Marktanteil kostet Anstrengungen in Marktforschung und Marktpflege, die oft sehr langwierig sind.

Die Fixkostendegression drückt aus, daß die Gesamtkosten eines Produktes sich verringern, wenn es gelingt, die Fixkosten auf eine größere Ausbringungsmenge zu verteilen. Das ist ein logischer Vorgang, der natürlich auch in der Praxis funktioniert. Ein wirtschaftlich positives Ergebnis habe ist aber erst erzielt, wenn diese größere Ausbringungsmenge auch verkauft worden ist.

Sind allerdings erst einmal größere Anlagen erstellt, so kann man nun auch nicht auf »Sparflamme« produzieren und z.B. bei einer Kapazität von ca. 60.000 Einheiten nur 30.000 Stück fertigen. Die Rechnung würde nämlich wie folgt aussehen:

variable Kosten	9.600.000,- DM
fixe Kosten	10.000.000,- DM
Gesamtkosten	19.600.000,- DM
Umsatz	15.000.000,- DM
Verlust	./. 4.600.000,- DM

Bei 40.000 Produkten hätten wir noch einen Verlust von DM 2,8 Mio und bei 50.000 Produkten immer noch einen Verlust von genau einer Million Mark. Es stellt sich nun die Frage, wann wir in die Gewinnzone kommen oder wann wir die Gewinnnschwelle erreichen. Nun dies ist einfach auszurechnen.

Der Deckungsbeitrag[18] zu fixen Kosten ist pro Fahrrad DM 180,- , 10 Mio sind die fixen Kosten,

$$\text{also } 10.000.000 : 180 = 55.555,55.$$

---

[18] Deckungsbeitrag (DB) = Differenz zwischen Erlös und direkten Kosten.

Das bedeutet, daß bei 55.556 Fahrrädern die Deckungsbeiträge der einzelnen Fahrräder ausreichen, um 10 Mio Mark Fixkosten zu decken.

55.556 Fahrräder ergeben einen

UMSATZ	DM 27.778.000,-
./. direkte Kosten	DM 17.777.920,-
DB zu fixen Kosten	DM 10.000.080,-
Gewinn	DM 80,-

Dieser Sachverhalt kann auch graphisch dargestellt werden (siehe nächste Seite).

In der Grafik sehen wir, daß die Umsatzlinie die Gesamtkostenlinie bei einer Absatzmenge zwischen fünfzig- und sechzigtausend Fahrrädern schneidet. Dort befindet sich der »Break-even-point« (BEP). Die fixen Kosten verlaufen parallel zur Abszisse. Die Gesamtkosten sind die um die fixen Kosten aufgestockten variablen Kosten.

Für einige ausgewählte Relationen ergibt sich folgendes Bild:

MENGE in Stück	UMSATZ in Mio DM	KOSTEN in Mio DM	GEWINN in Mio DM	STÜCK-K. in DM
30.000	15,0	19,6	./. 4,6	653,00
60.000	30,0	29,2	0,8	486,66
80.000	40,0	35,6	4,4	445,00
100.000	50,0	42,0	8,0	420,00

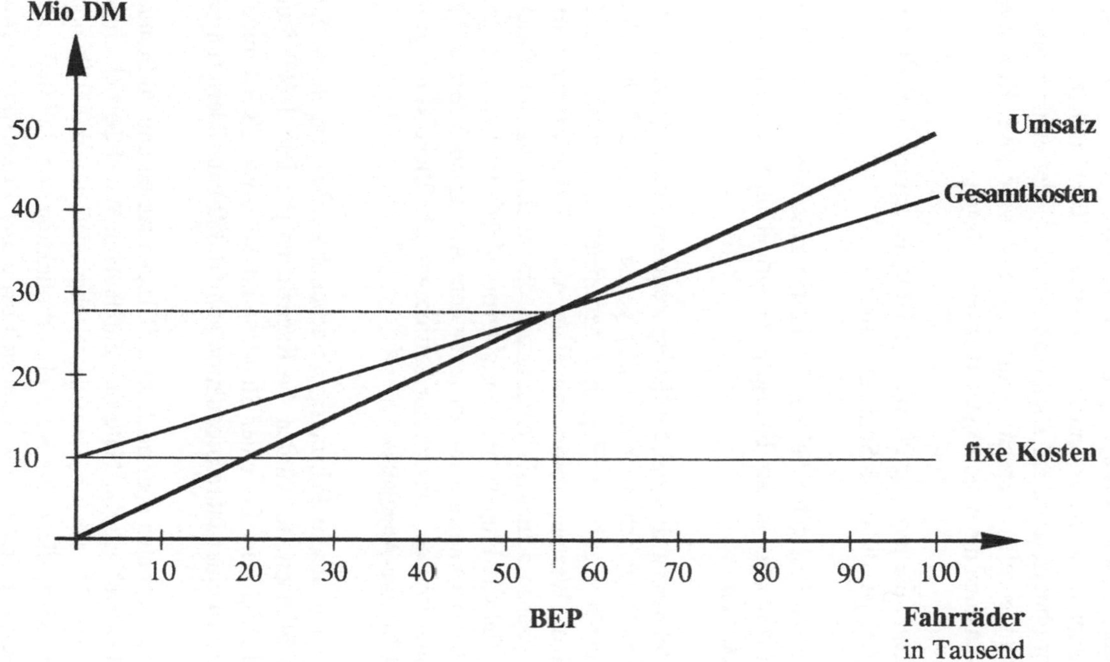

Mio DM
Umsatz
Gesamtkosten
fixe Kosten
50
40
30
20
10
10
20
30
40
50
60
70
80
90
100
BEP
Fahrräder
in Tausend

Wir sehen, daß die Auslastung der Kapazitäten in den hochtechnisierten, kapitalintensiven Betrieben unserer Volkswirtschaft ein Kostenfaktor ohnegleichen ist. Dies muß immer wieder eindringlich ins Bewußtsein gerufen werden. Daher ist eine sehr gute Kostensenkungsmaßnahme die hohe **Auslastung** der Anlagen.

Eine Anlage, die pro Tag 20 Stunden läuft, ist natürlich produktiver als eine Anlage, die nur 8 Stunden läuft.

Man unterscheidet daher bei den Fixkosten zwischen leeren und genutzten Fixkosten. In der Fachsprache spricht man von *Leerkosten* und *Nutzkosten.*

Gut darstellbar ist dies bei Lufttransportunternehmen. Manager dieser Unternehmen achten immer sehr genau darauf, daß ihre Flugzeuge nicht leer auf den Flughäfen herumstehen, sondern nach der notwendigen Wartung sofort mit einer neuen Crew wieder starten können. Ebenso achten sie darauf, daß die Auslastung der Maschinen während des Fluges, man spricht vom »Sitzladefaktor«, so groß wie möglich ist und füllt die kurz vor dem Abflug noch leeren Sitze zu Discount-Preisen. Das ist der betriebswirtschaftliche Hintergrund der »Last-Minute-Angebote«.

Angenommen unsere Fahrradfabrik arbeitet an 200 Tagen im Jahr jeweils 8 Stunden, so würden die Kapazitäten pro Jahr 1.600 Stunden beschäftigt sein. Bei einer Stundenproduktion von 38 Fahrrädern würde dies zu einer Jahresproduktion von 60.800 Fahrrädern führen.

Die Anlagen könnten aber auch an 300 Tagen laufen und 20 Stunden pro Tag beschäftigt sein. Natürlich müßte dann Schichtbetrieb eingeführt werden. Dieser Einsatz bedeutet aber, daß nun 6.000 Stunden produziert wird, die Folge wäre eine Produktion von 228.000 Fahrrädern. Selbstverständlich würden sich bei dieser Produktionsausweitung auch die fixen Kosten ändern, denn eine Produktionsausweitung führt immer zu einer Verwaltungsausweitung und auch im Bereich der Wartung und Reparatur kann mit höheren Kosten gerechnet werden. Auch die variablen Kosten würden sich erhöhen. Überstundenzuschläge müssen bezahlt werden und höhere Energiekosten fallen an. Gehen wir davon aus, daß die variablen Kosten nun DM 360,- sein würden, so sähe die Rechnung wie folgt aus:

UMSATZ bei 228.000 Fahrrädern	DM 114.000.000,-
./. variable Kosten à DM 360,-	DM 82.080.000,-
DB zu fixen Kosten	DM 31.920.000,-

Bei dieser Betrachtung stünden fast 32 Mio Mark zur Fixkostendeckung und Gewinnerwirtschaftung zur Verfügung. Einschränkend kommt hinzu, daß das Marktvolumen immer vorhanden sein muß. Nur wenn die gesamte Produktion zu den kalkulierten Preisen netto verkauft werden kann, geht die Rechnung auch betriebswirtschaftlich auf. Genau dies kann aber niemand prognostizieren, hier liegt das unternehmerische Risiko.

Die Handhabung der Kosten

Alle unternehmerischen Entscheidungen betreffen die Kosten einer Unternehmung. Man kann daher die Verursachung und die Handhabung von Kosten, »Kostenmanagement« genannt, nicht isoliert vom übrigen Unternehmensprozeß betrachten.

Aufgabe der Verantwortlichen in der Produktion ist es, die vom Markt geforderten Produkte in der gewünschten Qualität zu minimalen Kosten herzustellen. Aber auch die anderen Manager, und das sind alle diejenigen, die in einem Unternehmen Entscheidungen treffen, haben ihre Ziele bei Minimierung der entstehenden Kosten zu erreichen.

Die Qualität hat sich am Markt zu orientieren, d. h. bei den Nachfragern und den Mitbewerbern. Nicht die technisch beste Qualität soll produziert werden, sondern diejenige, die den Wünschen der Kunden entspricht. Dieser Grundsatz ist sehr wichtig. Werden doch in vielen Fällen Ressourcen verschwendet, nur weil die Produkte ausschließlich technisch und nicht auch nach Marketinggesichtspunkten beurteilt werden.

Die Kostenminimierung ist ein wichtiges Kapitel der BWL. Lange Zeit war sie überhaupt das beherrschende Kapitel. Man meinte über eine gute Kostenkontrolle Gewinnmaximierung erzielen zu können. Dies war jedoch ein Trugschluß. Erst über eine optimale Produktpolitik öffnen sich die Märkte und nachhaltige Umsätze können erwirtschaftet werden. Die Umsatzziele müssen Priorität vor Sparmaßnahmen haben. Es kommt jedoch darauf an, mit Kosten zu produzieren, die insgesamt niedriger als die Umsätze sind. Effektive Kostenrechnung ist daher immer ein »In-Beziehung-Setzen« von Umsätzen zu Kosten.

Die moderne Deckungsbeitragsrechnung kommt dieser Aufgabe in hervorragender Weise nach.

Bei der Deckungsbeitragsrechnung geht man vom realisierten Netto-Umsatz aus, d. h. man betrachtet nur den Wert des Umsatzes, der der Firma nach allen Abzügen wie Skonti, Rabatte und Umsatzsteuer bleibt.

Wir wollen zu unserem einfachen Beispiel aus der Fahrradfabrik zurückkehren und für 60.000 Fahrräder noch einmal rechnen:

UMSATZ	DM 30.000.000,-
./. direkte Kosten	DM 19.200.000,-
DB zu indirekten Kosten	DM 10.800.000,-
./. indirekte Kosten	DM 10.000.000,-
Gewinn	DM 800.000,-

Wir sehen: ein umsatzorientiertes Kostenrechnungsverfahren ist ein Stufenverfahren. Vom Netto-Umsatz subtrahiert man die direkten Kosten. Ein entstandener Überschuß dient als Deckungsbeitrag der indirekten Kosten. Es sind dies vor allem die Kosten der Verwaltung und des Managements sowie alle fixen Kosten, die nicht produktorientiert sind, z.B. die Miete für eine Lagerhalle, in welcher zwar Fahrräder lagern, die aber auch zum Unterstellen von Kraftfahrzeugen und zum Lagern anderer Produkte dient.

Diese Teilkostenrechnung, wie sie auch genannt wird, ist dann besonders interessant und kann unternehmerische Entscheidungen verbessern, wenn mehrere Produkte im Sortiment sind.

Angenommen die Fabrik produziert

20.000 Fahrräder	Modell A
20.000 Fahrräder	Modell B
20.000 Fahrräder	Modell C

Die betriebswirtschaftlichen Daten lauten:

Modell A	NVP[19] DM 480,-	direkte Kosten	DM 300,-
Modell B	NVP DM 600,-	direkte Kosten	DM 360,-
Modell C	NVP DM 540,-	direkte Kosten	DM 350,-

---

[19]   Netto-Verkaufspreis

Die Deckungsbeitragsrechnung lautet in TDM:

Modell	A	B	C	Gesamt
Umsatz	9.600	12.000	10.800	32.400
direkte Kosten	6.000	7.200	7.000	20.200
DB zu indir. K.[20]	3.600	4.800	3.800	12.200

In diesem Fall hat das Unternehmen einen Deckungsbeitrag zu indirekten Kosten von 12,2 Mio DM. Obwohl von jedem Modell die gleiche Anzahl produziert wird, werden für die einzelnen Modelle verschiedene Deckungsbeiträge erwirtschaftet.

Modell B erwirtschaftet eine Million Mark mehr als Modell C. Das sind immerhin 26%, obwohl der Preisabstand nur 11% beträgt und die Einzelkosten bei B auch noch fast 3% höher sind. Wie kommt dieses Ergebnis zustande?

Es ist das Resultat einer hervorragenden Marktleistung! Bei nur 200 TDM höheren direkten Kosten werden 1,2 Mio DM höhere Umsätze erzielt. Einfach weil das Produkt sich am Markt größerer Beliebtheit, größerer Wertschätzung erfreut und daher ein höherer Preis durchgesetzt werden kann. Dieses Beispiel soll verdeutlichen, daß Preise und Kosten verschiedene Wege gehen können.

Natürlich ist es für das Unternehmen interessanter, Modell B zu verkaufen und zu produzieren als die Modelle A und C.
Aber bis jetzt hat dieses Unternehmen noch keinen Gewinn gemacht. Entscheidend ist, wie hoch die gesamten indirekten Kosten des Unternehmens sind.

---

[20] Deckungsbeitrag zu indirekten Kosten

Da jetzt drei Modelle statt vorher eines produziert und vertrieben werden, ist natürlich der Management-Aufwand - im englischen Sprachraum nennt man ihn Headkosten - der Unternehmung nun größer. Gehen wir von einer Steigerung um 15% aus, so betragen die indirekten Kosten jetzt DM 11,5 Mio. Dies ergäbe einen Gewinn von 700 TDM. Gegenüber dem ersten Beispiel, wo nur ein Modell produziert und vertrieben wurde, hätte man sich also um 100 TDM verschlechtert!

Wir sehen, daß Kostenmanagement eine eigenständige Aufgabe im Unternehmen ist. In Abstimmung mit Marketing und Produktion trägt es wesentlich zum Erfolg der Unternehmung bei. In der modernen BWL gibt es ein Führungsinstrument, genannt »Controlling«. In diesem werden alle für die Unternehmensführung notwendigen Informationsströme zusammengefaßt und ergebnisorientiert aufbereitet. Der Aufbau eines solchen Systems ist die Voraussetzung für ein wirksames Kostenmanagement.

<u>Leistungskontrolle:</u>

1. Erläutern Sie den Begriff "Kosten"!
2. Wie können Kosten entstehen?
3. Wodurch können Kosten beeinflußt werden?
4. Nennen Sie Beispiele zu den verschiedenen Kostenarten!

Schlußbetrachtung

Der Kreis schließt sich.

Wir begannen über das Nachdenken der Erfüllung von Bedürfnissen. Suchten nach Leuten, deren Bedürfnisse wir gegen Geld erfüllen können. Kauften Ware ein, die uns als Nutzenstifter für andere sinnvoll erschien oder beschafften Ressourcen und fingen an, selbst Produkte herzustellen.

Jetzt, am Ende des letzten Kapitels, stellten wir den Umgang mit Kosten dar. Und Kosten »kosten« nun mal Geld!
Immer ist daran zu denken, daß Kosten im Hinblick darauf verursacht werden, daß eine Wertschöpfung zustande gebracht werden soll, die nicht uns etwas wert ist, sondern anderen.

Wir wollen Werte/Güter schaffen für die Zielgruppe, deren Bedürfnisse zu erfüllen wir uns auf den Weg gemacht haben. Nie werden wir im Vorhinein genau wissen, ob unsere geschaffenen Werte/Güter so gut sind, daß wir unsere Kosten wieder zurückbekommen, aber wenn unsere Werte/Güter »echt super« sind, dann machen sich die Kosten bezahlt und wir bekommen noch Geld dazu.

Dafür unternehmen wir!

Lösungen zur Leistungskontrolle

Vorbemerkung:

In diesem Skript sind nicht alle Sachverhalte so ausführlich behandelt, wie in den Lösungen dargelegt, insbesondere die mit "*" versehenen.
Wenn diese Fragen (*) nicht weggelassen wurden, so hat dies den Grund, die Studierenden anzuregen tiefer in die Problematik einzusteigen.

<u>Seite 6:</u>

1. Was ist Wirtschaften?

Wirtschaften bedeutet vorhandene Mittel (Ressourcen usw.) so einzusetzen, daß ein Maximum an Nutzenstiftung durch diese Mittel erreicht wird, **o d e r** ein bestimmtes Ziel mit einem Minimum von Mitteleinsatz zu erreichen.

2. Wer wirtschaftet?

Wirtschaften ist die Aufgabe aller Wirtschaftssubjekte.
Solche können sein:
- öffentlich rechtliche Betriebe,
- staatliche Organisationen.
- private Einzelpersonen und Haushalte,
- Vereine und Clubs,
- Unternehmen.

3.   Womit wird gewirtschaftet?

Es wird mit Produktionsfaktoren oder Ressourcen gewirtschaftet. Sie bezeichnet man als Wirtschaftsobjekte.

4.   Erläutern Sie den Begriff Produktionsfaktor und nennen Sie die wichtigsten!

Produktionsfaktoren sind Mittel zur Leistungserstellung, d. h. zur Durchführung der Produktion. Die drei Produktionsfaktoren sind Boden, Arbeit und Kapital. Diese können verschiedenen Verwendungen zugeführt werden. So kann Boden als landwirtschaftliche Nutzfläche, als Abbaustätte für Mineralien oder als Bauland Nutzen stiften.

Seite 8:

1.   Beschreiben Sie den volkswirtschaftlichen Kreislauf!

Der volkswirtschaftliche Kreislauf beinhaltet den Austauch von Produktionsfaktkorleistungen gegen produzierte Güter.

2.   Welche Funktion kommt dem Staat in diesem Kreislauf zu?

Der Staat wirkt als Umverteiler ohne Marktfunktion, d.h. nach den politischen Vorstellungen der Regierenden entzieht er manchen Wirtschaftssubjekten Geld, indem er Steuern einkassiert, und gibt anderen Geld, indem er Subventionen verteilt. Er wirkt aber auch als Investor für Infrastruktur in Transport und Verkehr, Kommunikation und soziale Einrichtungen.

<u>Seite 14:</u>

1. <u>Beschreiben Sie das ökonomische Prinzip in seinen beiden Formen anhand eines alltäglichen Beispiels!</u>

Ein Bauherr will mit einer ihm zur Verfügung stehenden Geldsumme (z. B. DM 350.000.-) ein für seine Bedürfnisse optimal passendes Haus bauen.
Das wäre ein Beispiel für das Maximalprinzip.

Eine Hausfrau versucht mit dem ihr zustehenden Haushaltsgeld (z.B. DM 800.-) die Familie optimal zu ernähren.
Das wäre ein Beispiel für das Minimalprinzip.

2. <u>Erklären Sie Wirtschaftlichkeit, Produktivität und Rentabilität anhand von Beispielen und arbeiten Sie die Unterschiede heraus!</u>

Wirtschaftlichkeit kann in Geld oder in Mengeneinheiten gemessen werden. Sie ist die allgemeinste Bewertung, inwieweit das ökonomische Prinzip realisiert wurde.

Produktivität ist in ihrer richtigen Form immer eine Messung des Ertrages in Mengeneinheiten je eingesetztem Produktionsfaktor.

Rentabilität ist die Messung der Relation von Gewinn zu eingesetztem Kapital.

<u>Seite 19:</u>

1. Nennen Sie Vor- und Nachteile der Marktwirtschaft!

Die Marktwirtschaft hat den Vorteil, daß die Wirtschaftssubjekte zu hoher wirtschaftlicher Effizienz gezwungen werden. Sie hat den Nachteil, daß Güter und Produktionsfaktoren mehr den schnellen und cleveren Wirtschaftssubjekten zufallen und daher Neid und Mißgunst entstehen kann.

2. Warum kann sich eine Staatswirtschaft nicht genügend auf die Bedürfnisse der Verbraucher einstellen?

Eine Staatswirtschaft stellt zentrale Produktionspläne auf, die von den Staatsbetrieben realisiert werden sollen. Dabei orientiert sie sich an den vorhandenen Produktionsfaktoren und weniger an den Bedürfnissen der Verbraucher.

3. Inwiefern verändert die soziale Marktwirtschaft die reine Marktwirtschaft?

In einer sozialen Marktwirtschaft baut der Staat als Gesetzgeber soziale Sicherungen ein, die größere soziale Ungleichgewichte verhindern. So werden Arbeitslose mit ausreichenden Unterstützungen versorgt, obwohl sie keinen Beitrag zum Sozialprodukt leisten.
Soziale Marktwirtschaft heißt, die Effizienz eines marktwirtschaflichen Systems erreichen ohne Not für einzelne zu schaffen.

<u>Seite 25:</u>

1. <u>Erläutern Sie die Begriffe "Betrieb" und "Unternehmung"!</u>

Der Begriff "Betrieb" hat eine mehrfache Bedeutung.

- "Betrieb" i.S.v. Betriebswirtschaft ist der Oberbegriff für alle Betriebswirtschaften.

- "Betrieb" i.S.v. Betriebsstätte ist der Ort der Leistungserstellung von Unternehmen

- "Betrieb" i.S.v. öffentlich rechtlicher Betrieb z.B. Müllabfuhr eines Landkreises oder einer Stadt ist ein Betrieb, der nach dem Kostendeckungsprinzip und nicht nach dem Rentabilitätsprinzip arbeitet. Das heißt alle entstandenen und entstehenden Kosten müssen über Gebühren gedeckt werden. Es besteht kein Grund Kostensenkungen und Rationalisierungen durchzuführen.

- "Betrieb" i.S.v. volkseigener Betreib in einer Staatswirtschaft. Hier ist der Betrieb nur ausführende Stelle der staatlichen Oberplanungsbehörde. Wirtschaftliches und ein an den Bedürfnissen der Kunden orientiertes Handeln wird nicht belohnt.

2. <u>Nennen Sie die vier Bereiche der Leistungserstellung für Dritte und erklären Sie ihre ökonomische Bedeutung!</u>

- Urproduktion, sie hat die Aufgabe, die uns von der Natur gegebenen Ressourcen ökonomisch und umweltverträglich abzubauen.

- Verarbeitung, sie hat die Aufgabe diese Rohstoffe so umzu-
gestalten, daß verbrauchsgerechte Produkte entstehen.

- Dienstleistungen, sie hat die Aufgabe Arbeitskraft und Kapital zum Wohle der Menschheit kommerziell einzusetzen.

- Informationswirtschaft, sie hat die Aufgabe, diejenigen
Ideen und Informationen gegen Geld zur Verfügung zu
stellen, die nachgefragt werden.

3. <u>Nennen Sie die Steuerungselemente der Wirtschaftlichkeit in
einem volkseigenen Betrieb, in einer Unternehmung und in
einem öffentlich-rechtlichen Betrieb!</u>

Die Steuerungselemente der Wirtschaftlichkeit

- in einem volkseigenen Betrieb sind die Plan- oder Normenerfüllung,

- in einer Unternehmung ist die Rentabilität,

- in einem öffentlich-rechtlichen Betreib sind nicht vorhanden.

<u>Seite 50:</u>

1. <u>Wie sind Angebot und Nachfrage voneinander abhängig?</u>

Auf einem Markt präsentierte Angebote locken Nachfrage an
oder auch nicht. Wird keine Nachfrage oder nicht in der Grö-
ßenordnung, wie für ein Geschäft notwendig ist, angelockt, so
verschwindet auch das Angebot wieder. Wird jedoch so viel
Nachfrage angelockt, daß Geschäfte zustande kommen, so
wird der Anbieter für kontinuierliche Angebotsmengen sorgen
und mit Mitteln des Marketing versuchen, die Nachfrage zu
stabilisieren und auszuweiten.

Die Absicht ein Angebot erstmals zu placieren, hat ihre
Ursache, latente Bedürfnisse, die noch auf Sättigung warten,
zu erkennen.

2. <u>Was ist der Gleichgewichtspreis und wie entsteht er?</u>

Der Gleichgewichtspreis ist derjenige Preis, bei dem die vom
Anbieter gewünschte Geldmenge für ein zu verkaufendes Gut
und die vom Nachfrager zu zahlende Geldmenge über einen
längeren Zeitraum gleich ist. Einen längeren Zeitraum in diesem Zusammenhang näher zu definieren, ist nicht möglich.
Beispielsweise kann bei Börsengeschäften schon ein Tag (oder
auch nur wenige Stunden) ein längerer Zeitraum sein, während
bei Immobiliengeschäften erst nach Wochen und Monaten wohl
von einem Gleichgewichtspreis gesprochen werden kann.

Gleichgewichtspreis bedeutet, Anbieter und Nachfrager sind
zufrieden. Der Anbieter verdient bei diesem Angebot und der
Nachfrager kann sich das Angebot leisten und ist von der Nutzenstiftung des Produktes überzeugt.

3. <u>Was versteht man unter der dynamischen Preisentwicklung?</u>

Die dynamische Preisentwicklung demonstriert, daß sowohl
Anbieter als auch Nachfrager auf vorgesetzte Preise nach ihren
Vorstellungen agieren und reagieren.
So sind die Nachfrager in unserem Beispiel auf Seite 44 (Fall
1) bereit mehr zu bezahlen (nämlich DM 8.-) als die Anbieter
glauben fordern zu können. Nachdem sich dies in Anbieter-
kreisen herumgesprochen hat, vergrößert sich das Angebot von
Menge a auf Menge z (Fall 2). Die Menge z kann aber nur zu
einem wesentlich niedrigeren Preis (Fall 3). verkauft werden.
Für diesen niedrigen Preis ist aber nun jene große Zahl von
Anbietern nicht mehr bereit zu produzieren. Die Folge, das
Angebot geht zurück auf Menge v (Fall 4).
Die Fälle 5 und 6 sind lediglich Vorgänge die sich parallel zu
den Ereignissen der Fälle 1 und 2 abspielen.

4. <u>Wodurch ist die Preiselastizität der Nachfrage gekennzeichnet?</u>

Die Preiselastizität der Nachfrage ist dadurch gekennzeichnet,
daß versucht wird, ein Meßinstrument zu entwickeln, welches
die Abhängigkeiten von Preisänderungen auf die verkaufte
Menge wiedergibt.

5. <u>Nennen Sie Produkte, deren Nachfrage preiselastisch, bzw.
preisunelastisch ist und begründen Sie Ihre Wahl?</u>

Produkte mit preiselastischer Nachfrage sind: Schallplatten,
Badeanzüge, Modeschmuck, Zigaretten. Alle diese Produkte
können bei Preissenkungen mit einem Mehrabsatz rechnen, da
es einfach Spaß macht davon mehr zu konsumieren und die

Produkte mit Wegwerfmentalität zu ge- und verbrauchen, wenn die Preise niedrig sind. So werden Zigaretten für einen Pfennig pro Stück eben nur mal angeraucht und dann wieder weggeworfen. Modeschmuck kann praktisch in großer Vielfalt verwendet werden, zu jedem Kleidungsstück und zu jeder Tageszeit kann ein anderes Kettchen oder Schleifchen getragen werden.

Produkte mit preisunelastischer Nachfrage sind Heizöl, Brot, Bier (speziell in Bayern), Kartoffel, Nudeln (speziell in Schwaben), alkoholische Getränke für Alkoholiker, Rauschgift für Drogenabhängige. Die genannten Produkte müssen gekauft werden, egal zu welchem Preis, weil sonst ein Überleben aus der Sicht des Betroffenen nicht möglich oder lebenswert ist.

6. Was ist ein Grenzproduzent? Zu welchen Kosten produziert er?

Ein Grenzproduzent ist ein Produzent, der zu Kosten produziert, die bei Verkauf zu Marktpreisen gerade noch einen Minimalgewinn erzielen; er produziert also an der *Grenze* der Rentabilität. Sinkt der Marktpreis, so muß er mit Verlust verkaufen, da seine Kosten höher als die Erlöse (Umsätze) sind.

7. Wer erhält eine Konsumentenrente?

Eine Konsumentenrente erhält derjenige Verbraucher, der für ein Produkt weniger ausgeben muß als er eigentlich ausgeben will und kann. Beispiel: Ein Europäer verbringt Urlaub in einem Billigland und bezahlt für ein Mittagessen nur DM 3.-. In diesem Fall hat er eine Konsumentenrente von DM 10.-, denn in seinem Heimatland müßte er für ein Mittagessen wohl etwa DM 13.- ausgeben.

8. Wer erhält eine Produzentenrente?

Eine Produzentenrente erhält derjenige Prodzent, der zu Kosten produziert, die weit unter dem Marktpreis liegen. Beispiel: ein japanisches Automobilwerk verkauft seine Mittelklassewagen in Deutschland zu DM 27.000.- pro Wagen. Seine Produktions- und Vertriebskosten betragen aber nur DM 19.000.- pro Wagen. Die entsprechenden Kosten seiner europäischen Konkurrenten betragen DM 26.000.-. In diesem Fall hat der Japaner eine Produzentenrente von DM 7.000.-, da er diese mehr verdient als der Durchschnittsproduzent.

Seite 62:

1. Was besagen die Gossen'schen Gesetze?

Die Gossen'schen Gesetze (GG) besagen, daß die Nutzenstiftung der Produkte in Relation steht zu der Begehrlichkeit des Kaufens.

Im ersten GG wird erklärt, daß die Nutzenstiftung eines Produktes mit zunehmender Sättigung sinkt. Daher sinkt auch die Kaufbereitschaft.

Im zweiten GG wird erklärt, daß ein Konsument, Käufer oder Kunde nur dann bereit ist Geld für ein Produkt auszugeben, wenn sein Grenznutzen höher veranschlagt wird als der Grenznutzen jedes anderen auf dem Markt angebotenen Produktes.

2. Erläutern Sie den Begriff Grenznutzen!

Grenznutzen ist der Nutzen der letzten verbrauchten Einheit. Der Wohlgeschmack des letzten Bissen Torte eines großen Stückes Torte ist geringer als der erste Bissen, wenn ich sehr hungrig war und auch noch Appetit auf Torte hatte.

Auch für Bier gilt natürlich dasselbe. Es gab einmal eine Werbung, die lautetete:

"Bier wird durch Durst erst schön!"

Über diesen Slogan wird signalisiert, daß eben der erste Schluck Bier bei großen Durst besonders gut schmeckt und es daher reizend ist, sich sofort ein Glas Bier zu kaufen, um diesen ersten Schluck zu genießen

3. Was zeigt uns die Fallgeschwindigkeit des Grenznutzens?

Die Fallgeschwindigkeit des Grenznutzens zeigt uns, wie schnell die Nutzenabnahme eines Gutes von der ersten verfügbaren Einheit bis zur letzten gerade noch brauchbaren von statten geht; also die Nutzenabnahme von Wasser als 'Retter in der Wüste' bis zum Autowaschen. Die Fallgeschwindikeit ist bei lebensnotwendigen Gütern größer als bei Luxusgütern. Parfum hat gar keine Fallgeschwindigkeit, denn außer Geruchsveränderung auf der menschlichen Haut ist kein Nutzen nachweisbar, es sei denn der Alkoholgehalt ist so groß, daß es auch als Fleckenwasser benützt werden kann.

4. Erklären Sie den Begriff Marktformen!

Unter Marktform versteht man die auf einem Markt jeweils bestehende Angebots- und Nachfrageform. Oder eine Marktform definiert sich aus der auf einem Markt jeweils existierenden Angebots- und Nachfrageform.

5. Gibt es auch Nachfragemonopole?

Selbstverständlich gibt es auch Nachfragemonopole. Ein Automobilkonzern wie VW hat natürlich eine Monopolstellung gegenüber Zulieferern, die auf die Aufträge von VW angewiesen sind. Das gleich gilt für einen Fahrradproduzenten, der ausschließlich für ein Großversandhaus, wie QUELLE, liefern sollte. In diesem Fall läge das Nachfragemonopol für den Fahrradhersteller bei QUELLE.

6. Welche Problematik besteht bei einem bilateralen Oligopol?

Die Problematik besteht darin, daß im Prinzip auf beiden Seiten (das bedeutet das Wort 'bilateral') die gleichen Kommunikations- und Herrschaftsverhältnisse bestehen. Es bedarf nun einer differenzierteren Analyse, um festzustellen wo diese besser und stärker sind. Der Stärkere kann durch Spielen auf Zeit seine Preisvorstellungen durchsetzen.

7. Welches absatzpolitische Instrument ist das wichtigste?*

Auf diese Frage gibt es keine eindeutige Antwort. Natürlich gilt die Produktpolitik als das Herz des Marketing, und man könnte geneigt sein, sie als das wichtigste Instrument zu bezeichnen. Aber nehmen wir einmal an, wir haben ein her-

vorragendes Produkt, welches durch ein nicht ganz so hervor-
ragendes Produkt der Konkurrenz an Marktanteil verliert, weil
die Konkurrenz ihr Produkt durch eine außerordentlich gute
Werbekampagne aufwertet, dann muß ich natürlich nachzie-
hen, und plötzlich ist die Kommunikationspolitik für mich das
wichtigste Instrument.

Das gleiche kann für Vertriebs- und Preispolitik gelten. Es
hängt immer von den Marktgegebenheiten ab, welches Instrument gerade das wichtigste ist.

8. Zeigen Sie die Möglichkeiten der Kommunikationspolitik!*

Die Möglichkeiten der Kommunikationspolitik sind folgende:

Durch eine Namensgebung des Produktes können erste Asso-
ziationen geweckt werden, die die Emotionen der Zielgruppe
ansprechen. Über klassische Werbung kann das gewünschte
Image des Produktes in die Herzen der Verbraucher getragen
werden; nachdem natürlich das produzierende und vertreibende
Unternehmen sein Image durch PR überzeugend dargestellt
hat. Die Verkaufsförderung schließlich leistet am POP (=Point
of Purchase) die letzte notwendige Hilfestellung, damit das
Produkt umgesetzt wird.

9. Was bedeutet "PR"? Nennen Sie Beispiele!*

"PR" bedeutet PUBLIC RELATIONS. Es ist ein amerika-
nischer Ausdruck, der sich in die Marketing-Sprache einge-
schlichen hat. Wörtlich übersetzt bedeutet es "öffentliche
Beziehungen", sinngemäß übersetzt: "Beziehungen zur
Öffentlichkeit". Gemeint ist damit, wie sich ein Unternehmen
als Ganzes in das Bewußtsein der gesamten Öffentlichkeit

einfügt. Welchen Stellenwert es hat, wie es beurteilt wird, welches Ansehen Produkte, Management und Mitarbeiter haben!
Viele Faktoren bestimmen das Image eines Unternehmens. Aus diesem Grund kann gute PR nicht allein über Anzeigen u. ä. erreicht werden. Die Gesprächsführung der Telefonistin oder des Pförtner ist genau so ausschlaggebend wie das Verhalten des Fahrers eines Firmenwagens bei einem Unfall.

Gezielte PR-Kampagnen können sein:
- Werkskindergarten,
- besonders gutes Kantinenessen in gepflegten Räumen,
- Werksbesichtigungen,
- Sponsoring von Kultur- und Sportveranstaltungen,

alle Maßnahmen der klassischen Werbung, die das Unternehmen präsentieren.

10. Legen Sie den Unterschied zwischen direkten und indirekten Vertriebsweg dar!*

Dieser Unterschied besteht darin, daß beim direkten Vertrieb das produzierende Unternehmen die Kontrolle bis zur Verteilung (Distribution) an den Endverbraucher hat. Es wird also nur über werkseigene Filialen oder Niederlassungen verkauft.

Beim indirekten Vertrieb bedient sich das Unternehmen sogenannter Absatzmittler, in der Hauptsache des Groß- und Einzelhandels.

11. Warum ist die Preispolitik im Grunde kein echtes absatzpolitisches Instrument?

Absatzpolitische Instrumente haben die Aufgabe, ein Maximum an Absatz zu hohen Preisen zu leisten. Daher sind Produktpolitik, Kommunikationspolitik und Vertriebspolitik die eigentlichen Instrumente, die das leisten können.

Preispolitische Maßnahmen sind meist Preissenkungsmaßnahmen, um die Läger zu räumen. Sie können daher nicht dem Absatzziel **"große Mengen bei hohen Preisen"** dienen.

12. Erläutern Sie den Begriff Marketingmix!

Unter Marketingmix versteht man den gemischten und abgestimmten Einsatz der absatzpolitischen Instrumente und ihrer Varianten, mit dem Ziel der Optimierung des Markterfolges.

Seite 77:

1. Nennen Sie die Träger der Produktion!

Die Träger der Produktion können sein:

- das eigene Unternehmen, speziell die Produktionswerke, kurz einfach Werke genannt.

- Lieferanten oder Subunternehmer. Die Produktionstiefe unserer Unternehmen nimmt zunehmend ab und man lagert Produktionen an Zulieferunternehmen (Subunternehmen) aus.

Auf diese Weise versucht man die Werksproduktivität zu erhöhen. Das ist der Trend der Zeit, der von den Japanern initiiert wurde.

- die in der Produktion beschäftigten Mitarbeiter.

- die für die Produktion verwendeten Materialien.

- die für die Produktion eingesetzten Maschinen und Werkzeuge.

Kurz als Träger der Produktion bezeichnet man alle diejenigen Organisationen und Produktionsfaktoren, die auf das Produktionsergebnis einen entscheidenden Einfluß haben.

2. Was ist bei der Kombination von Produktionsfaktoren zu beachten?

Erstes Ziel muß sein, das ökonomische Prinzip so perfekt wie möglich zu realisieren, natürlich ohne die gewünschte Produktqualität zu vernachlässigen.
Dieses Ziel zu realisieren ist so kompliziert, daß praktisch der Inhalt der gesamten Unternehmensführung und BWL auf diesen Problemkreis abzielt.

3. Das Erreichen des Produktionsziels ist von verschiedenen Faktoren abhängig. Nennen und erläutern Sie diese Faktoren!

Die ökonomische Realisierung des Produktionsziels ist wie oben bereits ausgeführt sehr kompliziert und involviert daher die meisten Teile der BWL.

Als Haupt-Faktoren können aber genannt werden:

der Standort, speziell unter dem Aspekt der politischen Ordnung, der verkehrstechnischen Anbindung und seiner weiteren
Ausstattung mit öffentlicher Infrastruktur. Auch die Beschaf-
fungsmöglichkeiten von Mitarbeitern und weiteren Produktionsfaktoren und das Vorhandensein von komplementären
Wirtschaftszweigen ist wichtig. Für einen Hafen benötigt man
eben nicht nur einen Platz an der See, sondern auch Händler,
Speditionen und Versicherungen.
Die gesamte Standortfrage muß natürlich auch unter Kosten-
aspekten betrachtet werden. Der hervorragendste Standort wird
wahrscheinlich sehr teuer sein und es hat keinen Zweck einen
derart kostenintensiven Standort für die Produktion von Holz-
pantinen einzusetzen. Die Qualität des Standortes und seine
Kostenintensität müssen natürlich übereinstimmen mit der
Umsatzkraft des herzustellenden Produktes und somit auch mit
seiner möglichen Kostenträgerschaft. Ein marktwirksames
High-Tech-Produkt kann eben höhere Kosten tragen als ein
nicht marktgerechtes Standardprodukt.

Ein weiterer wichtiger Faktor ist die Qualität des für die
Produktion verantwortlichen Managements und die vorhanden-
en Organisations- und Kommunikationsstrukturen.

<u>Seite 95:</u>

1. Erläutern Sie den Begriff "Kosten"!

Kosten sind der bewerte Verzehr von Gütern und Leistungen. Kosten entstehen natürlich nicht nur in der Produktion, sondern auch im Vertrieb und in der Forschung und Entwicklung. Kosten entstehen überall dort, wo etwas geleistet wird! So verursachen natürlich auch Transport und Lagerung Kosten, obwohl es sich nicht immer um produktive Kosten handeln muß.

Abzugrenzen sind die Kosten vom Aufwand, den Ausgaben und den Auszahlungen. Doch dieser Themenkreis wird im nächsten Band, BWL Einführung in die Finanzierung, abgehandelt.

2. Wie können Kosten entstehen?

Kosten entstehen bereits durch Gründung der Unternehmung, weil in diesem Fall schon Gebühren bei öffentlichen Ämtern auf jeden Fall anfallen. Je nach Rechtsform können noch Anwalts- und Notariatgebühren, sowie die geamten Kosten für die Ausstattung der Startposition fällig werden. Auch die Bereitstellung von Eigenkapital kostet *Opportunitätskosten*.

Die Beschaffung der für das Geschäft notwendigen Produktionsfaktoren ist natürlich ein Hauptkostenfaktor.
Die Umschlaghäufigkeit der Produkte ist schließlich ebenfalls ein nicht zu unterschätzender Kostenfaktor.

3   Wodurch können Kosten beeinflußt werden?

Kosten können durch

* Managemententscheidungen

* Qualität der Produktionsfaktoren

* Qualität des Standortes

beeinflußt werden.

4.   Nennen Sie Beispiele zu den verschiedenen Kostenarten!

Kostenarten sind:

Anlagekosten

Hierunter versteht man alle Kosten, die mit der Beschaffung und dem Betrieb von Anlagen zusammenhängen.

Diese sind:
* die Kosten für den Einsatz des Geldkapitals (Zinsen),
* die Kosten für die Abnutzung des Sachkapitals (Abschreibungen)
* die Kosten für den Betrieb der Anlagen durch Energieverzehr (Energiekosten)
* Wartungs- und Reparaturkosten

Materialkosten

Hierunter fallen alle Kosten, die mit Beschaffung und Lagerung des Materials zu tun haben.

Personalkosten

Personalkosten sind alle Kosten, die durch den Produktions-
faktor Arbeit entstehen. Es sind nicht nur die Lohn- oder
Gehaltszahlungen, sondern auch die Personalzusatzkosten, wie
Abgaben an die Sozialversicherungsbehörden, Urlaubsgeld u.ä.

Kapitalkosten

Das sind alle Kosten, die mit der Aufnahme von Fremdkapital
in Verbindung stehen. Der die Anlagen betreffende Kostenteil
ist unter Anlagekosten schon tituliert.

Verwaltungs-, Vertriebs-, und Produktionskosten sind keine
Kostenarten in dem von uns definierten Sinne, sondern eine
Zusammenfassung von Kosten, die auf spezielle betriebswirtschaftliche Funktionen ausgerichtet sind. Wobei die Verwaltung wiederum nicht einmal eine Funktion ist. Verwaltung ist
das Beschaffen, Verarbeiten und Dokumentieren von Informationen für eine bestimmte Funktion, z.B. Absatz, Produktion
oder Finanzierung. Verwaltung kann daher nur in Zusammenhang mit der zu bearbeitenden Funktion, ihrer Nutzenstiftung
und dem dafür erzielten Ertrag gesehen werden. Die Kosten
der Verwaltung müssen natürlich in die Kostenrechnung eingehen, ja sie sind heute oft der Hauptkostenblock der Unternehmung. Ihre Kontrolle ist aber nur möglich, wenn man sie
genau in ihre Kostenelemente zerlegt und dann ist man wieder
beim Muster der Kostenartenrechnung.

Literaturverzeichnis

Carell, Erich:
   Allgemeine Volkswirtschaftslehre, Heidelberg 1958.

Dohnanyi, Klaus von:
   Das deutsche Wagnis, München 1990.

Frankl, Viktor E.:
   Der Mensch vor der Frage nach dem Sinn, München 1979.

Hirth, Regina / Sattelberger, Thomas / Stiefel, Rolf Th.:
   Lifestyling: das Leben neu gewinnen, Landsberg 1981.

Kösters, Paul H.:
   Ökonomen verändern die Welt, Hamburg 1982.

Recktenwald, Horst C.:
   Die Geschichte der politischen Ökonomie, Stuttgart 1971.

Röpke, Wilhelm:
   Die Lehre von der Wirtschaft, Erlenbach-Zürich 1958.

Wöhe, Günter:
   Einführung in die allgemeine BWL, 16. Auflage,
   München 1986.

Zischka, Anton:
   Die alles treibende Kraft, Heidelberg 1988.

Sachverzeichnis